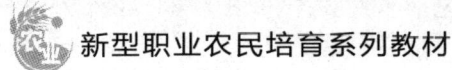 新型职业农民培育系列教材

农民手机应用指南

◎ 陈中建 李志华 主编

中国农业科学技术出版社

图书在版编目（CIP）数据

农民手机应用指南/陈中建，李志华主编. —北京：中国农业科学技术出版社，2017.7
ISBN 978-7-5116-3147-3

Ⅰ.①农… Ⅱ.①陈…②李… Ⅲ.①移动电话机-指南 Ⅳ.①TN929.53-62

中国版本图书馆CIP数据核字（2017）第150283号

责任编辑	于建慧
责任校对	贾海霞
出版者	中国农业科学技术出版社
	北京市中关村南大街12号　邮编：100081
电　话	（010）82109194（编辑室）　（010）82109702（发行部）
	（010）82109709（读者服务部）
传　真	（010）82106624
网　址	http://www.castp.cn
经销者	各地新华书店
印刷者	中煤（北京）印务有限公司
开　本	850 mm×1 168 mm　1/32
印　张	7
字　数	176千字
版　次	2017年7月第1版　2021年5月第14次印刷
定　价	28.60元

◆◆◆版权所有·翻印必究▶▶▶

《农民手机应用指南》
编 委 会

主　　编	陈中建	李志华			
副 主 编	查　红	周桃英	陈炽均	柳德明	关金菊
	杨培明	刘　兰	刘　敏	黄飞燕	杨　建
	陶郁萍	刘有才	喻旺元	李义东	漆杏华
	皮楚舒	胡玉刚	姜佰富	陈文勇	刘　萍
	刘长城	刘　江			
编写人员	倪德华	金小燕	杨　虹	杨　林	梅文娟
	黎　青	吴文进	杨红梅	王　轲	申婷婷
	刘　霞	杨建立	陈勇夫	杨正舜	

序

  为贯彻落实国家"互联网+现代农业"的行动计划,加快农村信息化服务普及,提高农民利用现代信息技术,特别是运用手机上网发展生产、便利生活和增收致富的能力,我们组织具有丰富经验的老师编写了《农民手机应用指南》一书。

  在移动互联网时代,手机已经成为人们须臾不能离开的工作、社交和生活工具,也成为农村互联网架构最重要的"端口",成为农民获取知识、了解信息、提高生产经营能力的重要途径。通过对手机使用的学习,致力服务农民,便利农民生活,提升农民实用技能,让手机成为农民增收致富的好帮手。

  本书语言通俗易懂,技术深入浅出,实用性强,适合广大新型职业农民、基层农技人员学习参考。

杨盛灿

目　　录

第一章　智能手机的基础知识 …………………………………（1）
　第一节　智能机基础知识 …………………………………（1）
　　一、智能手机概念 …………………………………………（1）
　　二、认识你的设备 …………………………………………（2）
　　三、操作系统安装 …………………………………………（4）
　第二节　运营商选择 ………………………………………（5）
　　一、中国移动（CMCC）……………………………………（5）
　　二、中国电信（China Telecom）…………………………（9）
　　三、中国联通 ………………………………………………（11）
　第三节　智能手机使用费用 ………………………………（13）
　　一、智能手机的费用构成 …………………………………（13）
　　二、各类合约套餐 …………………………………………（13）
　　三、移动无线网零售门店充值 ……………………………（14）
　　四、进村入户服务站代充值 ………………………………（14）
　　五、在智能手机上充值 ……………………………………（14）
　　六、节约智能手机费用的办法 ……………………………（14）

第二章　手机 APP 主要类型和下载安装 ……………………（16）
　第一节　手机 APP 的主要类型 …………………………（16）
　第二节　手机 APP 的下载及安装方法 …………………（17）
　　一、PC 端访问所下载软件的官方网站……………………（17）

二、使用 PC 端助手软件 …………………………（19）
　　三、手机端应用市场 ………………………………（21）
　　四、扫描二维码 ……………………………………（26）
第三章　智能手机的互联网中的应用 ……………………（29）
　第一节　查询信息 ………………………………………（29）
　　一、手机浏览器 ……………………………………（29）
　　二、取钱无忧 ………………………………………（30）
　　三、突发情况处理 …………………………………（30）
　　四、扫码避免购物欺骗 ……………………………（32）
　第二节　阅读电子出版物 ………………………………（34）
　　一、使用手机阅读软件阅读 ………………………（34）
　　二、直接在线阅读 …………………………………（35）
　第三节　收发邮件 ………………………………………（38）
　　一、手机软件收发邮件 ……………………………（38）
　　二、在线收发邮件 …………………………………（40）
　第四节　微信 ……………………………………………（43）
　　一、精选商品 ………………………………………（43）
　　二、微信红包 ………………………………………（46）
　　三、电影票 …………………………………………（51）
　　四、AA 收款 ………………………………………（52）
　第五节　在线娱乐、交流论坛 …………………………（56）
　　一、游戏 ……………………………………………（56）
　　二、交流论坛 ………………………………………（57）
　第六节　在线视频 ………………………………………（59）
　　一、使用手机 APP 在线观看视频 ………………（59）
　　二、输入网址在线观看 ……………………………（60）
　第七节　在线导航 ………………………………………（61）
　第八节　天气查询 ………………………………………（62）

一、天气预报即时更新 …………………………… (62)
　　二、穿衣指数提前掌握 …………………………… (65)
　　三、气温趋势一目了然 …………………………… (66)
　　四、身边实景的展示 ……………………………… (67)
　第九节　饮食应用 …………………………………… (68)
　　一、随身菜谱 ……………………………………… (68)
　　二、挑选餐厅 ……………………………………… (70)
　第十节　网上预订 …………………………………… (70)
　　一、旅行预订 ……………………………………… (71)
　　二、房间预订 ……………………………………… (73)
　　三、火车票预订（12306官网） ………………… (75)
　　四、订餐及外卖 …………………………………… (79)
　第十一节　掌上出行 ………………………………… (81)
　　一、滴滴打车 ……………………………………… (82)
　　二、快的打车 ……………………………………… (90)
　　三、掌上订火车票 ………………………………… (101)
　　四、掌上订飞机票 ………………………………… (109)

第四章　手机与农业电子商务技术 ………………… (123)
　第一节　手机理财 …………………………………… (123)
　　一、理财应用越多越好 …………………………… (123)
　　二、支付密码设置相同 …………………………… (124)
　　三、手银理财夸大收益 …………………………… (125)
　第二节　在线购物 …………………………………… (126)
　　一、京东网购 ……………………………………… (126)
　　二、淘宝网购 ……………………………………… (128)
　第三节　电子支付 …………………………………… (134)
　　一、网上银行 ……………………………………… (134)
　　二、手机银行 ……………………………………… (135)

三、电话银行 …………………………………… (136)
　　四、微信支付 …………………………………… (137)
　　五、支农宝 ……………………………………… (141)
　　六、第三方支付 ………………………………… (144)
　第四节　农产品手机电商 …………………………… (147)
　　一、农村淘宝 …………………………………… (147)
　　二、淘宝网店铺运营手机应用软件 …………… (147)
　第五节　用手机开微店 ……………………………… (149)
　　一、农产品微商的概述 ………………………… (149)
　　二、用手机开微店的流程 ……………………… (152)
　第六节　农业在线学习 ……………………………… (159)
　　一、农业知识 …………………………………… (159)
　　二、农业技术 …………………………………… (159)
　　三、在线投诉及咨询 …………………………… (159)
　第七节　手机在物联网中的应用 …………………… (162)
　　一、物联网的概念 ……………………………… (163)
　　二、物联网的起源 ……………………………… (164)
　　三、物联网的关键技术 ………………………… (166)
　　四、物联网应用模式 …………………………… (167)
第五章　安全使用智能手机 …………………………… (169)
　第一节　手机上网的风险 …………………………… (169)
　　一、无线网络盗取资料 ………………………… (169)
　　二、钓鱼网站诈骗钱财 ………………………… (170)
　　三、恶意软件侵害手机 ………………………… (171)
　第二节　移动平台的风险 …………………………… (172)
　　一、信用风险 …………………………………… (172)
　　二、系统性风险 ………………………………… (173)
　　三、运营风险 …………………………………… (174)

四、技术性风险 …………………………………………（175）
　　五、法律风险 ……………………………………………（176）
第三节　手机银行诈骗短信 …………………………………（176）
　　一、信用卡盗刷陷阱 ……………………………………（176）
　　二、系统更新升级 ………………………………………（178）
　　三、提醒用户如期还款 …………………………………（179）
　　四、骗取汇款 ……………………………………………（180）
第四节　安全防护措施 ………………………………………（180）
　　一、手机和密码一定要保管好 …………………………（181）
　　二、保持良好的手机理财习惯 …………………………（181）

第六章　农业信息化 ……………………………………（184）
第一节　智慧农业 ……………………………………………（184）
　　一、基本概念 ……………………………………………（184）
　　二、系统技术特点 ………………………………………（185）
　　三、"智慧农业"的意义 …………………………………（186）
　　四、"智慧农业"的作用 …………………………………（187）
第二节　农业云计算 …………………………………………（188）
第三节　农业大数据 …………………………………………（190）
第四节　"十三五"期间浙江省农业信息化工作重点 ………（191）
　　一、重点任务 ……………………………………………（191）
　　二、主要建设工程 ………………………………………（192）

第七章　"互联网+农业" ………………………………（195）
第一节　互联网促进农业生产 ………………………………（195）
第二节　农业应用互联网 ……………………………………（196）
　　一、12316益农服务平台 ………………………………（196）
　　二、农技宝 ………………………………………………（198）
　　三、网上生产服务 ………………………………………（200）

第三节 借助"互联网+农业"促进农业经营 …………（205）
　　一、消费品下乡 ……………………………………（205）
　　二、农资下乡 ………………………………………（206）
主要参考文献 …………………………………………（209）

第一章 智能手机的基础知识

近年来,计算机技术、网络技术的迅猛发展促使移动互联网技术迅速发展,智能手机以其功能的多样化与人性化设计,一经问世,迅速占领了市场。国产智能手机在中低端市场取得重大突破以来,智能手机在我国已经普及。移动互联技术应用广泛,涉及各个行业,给人们的生活带来了极大的便捷。本单元主要介绍智能手机的基本概念、智能手机的操作系统、如何下载和安装手机软件、手机软件的分类以及智能手机常用的功能等。

第一节 智能机基础知识

一、智能手机概念

1973年4月3日,位于纽约曼哈顿的摩托罗拉实验室里爆发出一阵阵热烈的掌声。"我们成功了!"实验室里的研究人员欢呼雀跃。研究团队的领导者马丁·库帕(Martin Cooper)举着他们的研究成果——世界上第一部手机,激动地问道:"我亲爱的朋友们,我就要走上大街,用这部手机给一个人打电话,你们猜是谁?""您的家人?""您的朋友?"在场的人纷纷猜测。"不,你们都猜错了。"库帕神秘地笑着。随后,他走出实验室,来到曼哈顿的大街上。从他身边经过的人,无不停下脚步,盯着他手上那个没有线的电话,驻足观望。在此之前,人们从来没见过没有电话线的电话。在众人的注视下,库帕按下了一串电话号码。电话通了,那头传来了一个男人的声音:"这里是尤尔·恩格尔(Joel Engel)。"库珀兴奋地用几乎颤抖的声音说道:"尤尔,我正在用一个真正的移动电话和你通话,一个真正的手提电话!"手机那头沉默了。接电话的不是别人,正是库帕长期以来的竞争对手——贝尔实验室的一名科学家——尤尔·恩格尔。库帕手上拿的正是世界上第一部手机 Dyna TAC。和今天的手机相比,这部手机显得又笨重又误事——内部电路板数量达 30 个,通话时间只有 35 分钟,而充电时间却要 10 小时,仅有拨打和接听电话两种功能。可在当时,这部手机的诞生意味着一个新时代的开始——无线通信的诞生。

在告别了大哥大、传统键盘手机之后,我们迎来了智能手机的时代,那究竟什么是智能手机呢?

智能手机,是指像个人电脑一样,具有独立的操作系统、独立的运行空间,可以由用户自行安装软件、游戏、导航等第三方服务商提供的程序,并可以通过移动通信网络来实现无线网络接入的手机类型的总称。

二、认识你的设备

我们的生活越来越因为科技的力量而改变,目前我们手中的设备——手机,基本上成了每个人的信息处理平台与生活辅助工具。那么你真正了解它们吗?下面我们就按照手机系统的分类分别介绍主流的 3 种设备:iOS、Android 以及 Windows 设备。

(一)iOS

iPhone 是苹果公司研发的智能手机系列,它搭载苹果公司研发的 iOS 手机操作系统。第一代 iPhone 于 2007 年 1 月 9 日由苹果公司前首席执行官史蒂夫·乔布斯发布,并在同年 6 月 29 日正式发售。2016 年 9 月 8 日,苹果公司在美国旧金山举行新产品发布会上,推出第十代产品 iPhone 7 及 iPhone 7S,苹果手机各时期主要产品如图 1-1 所示。

图 1-1　各代 iPhone

(二) Android

Android 是一种基于 Linux 的开放式源代码的操作系统，主要使用于移动设备，如智能手机和平板电脑，由 Google 公司和开放手机联盟领导及开发，在中国通常被称为"安卓"。第一部 Android 智能手机发布于 2008 年 10 月。Android 逐渐扩展到平板电脑及其他领域上，如电视、数码相机、游戏机等。2011 年第一季度，Android 在全球的市场份额首次超过塞班系统，跃居全球第一。2017 年的第一季度，Android 平台手机的全球市场份额已经达到 86.1%。主流的 Android 设备如图 1-2 所示。

图 1-2　Android 旗舰手机 Samsung Galaxy S5

· 3 ·

（三）Windows Phone

Windows Phone（WP）是微软发布的一款手机操作系统，它将微软旗下的Xbox Live游戏、Xbox Music音乐与独特的视频体验集成至手机中。微软公司于2010年10月11日21时30分正式发布了智能手机操作系统Windows Phone，并将其使用接口称为"Modem"接口。2011年2月，诺基亚与微软结成全球战略同盟并深度台作共同研发。2015年2月，微软在推送Windows 10 移动版第二个预览版时，第一阶段推送了Windows Phone 8.1 更新2，在Windows Phone 8.1 更新1的基础上改进了一些功能的操作方式，Windows Phone 的后续系统是 Windows 10 Mobile。

主流的 Windows Phone 设备如图1-3所示。

图1-3　Windows Phone 旗舰机 Nokia Lumia 1020

三、操作系统安装

手机操作系统不同于计算机操作系统，一旦安装失败手机就不能正常启动系统，变成"板砖"，如果有安装的必要，尽量去手机官方售后服务站或者请专业人员安装。

安装安卓操作系统的步骤：

1. 将 rom 拷贝到 SD 卡；

2. 关机状态下，然后按住下音量键+电源键进入 fastboot 界面然后按"电源键"进入 hboot 界面；

3. 进入 recovery 界面按"音量减"键向下选择 recovey 点击"电源"键，确认选择；

4. 音量键选择"恢复出厂"，点击电源键确认；

5. 音量键选择"是——删除全部用户数据"，点击电源键确认；

6. 音量键选择"清空缓存"，点击电源键确认；

7. 音量键选择"是——清空 Cache"，点击电源键确认；

8. 音量键选择"选择更新"，点击电源键确认；

9. 音量键选择"从 SD 卡选择更新"，电源键确认；

10. 音量键选择"选择复制到内存卡的 rom"；

11. 音量键选战"安装 XXX. ZIP"电源键确认，等待系统安装完成；

12. 音量键选择"+++++返回上级+++++"，电源键确认（回到 recovery 主页面）；

13. 音量键选择"重启系统"，电源键确认，手机重启。

第二节　运营商选择

一、中国移动（CMCC）

服务电话：10086

官网：http://www.chinamobileltd.com/

服务号段：134（1349 除外）、135、136、137、138、139、

147、150、151、152、157、158、159、182、183、184、187、188等。

中国移动英文全称为 China Mobile Communications Corporation。中国移动通信集团公司(简称中国移动)于 2000 年 4 月 20 日成立。中国移动通信集团公司是根据国家关于电信体制改革的部署和要求,在原中国电信移动通信资产总体剥离的基础上组建的国有骨干企业。

中国移动是一家基于 GSM、TD-SCDMA 和 TD-LTE 制试网络的移动通信运营商。知名品牌有全球通、动感地带、神州行、"动力 100"等。中国移动在 2013 年 12 月 18 日公布了与正邦合作设计的 4G 品牌"And!和",标志着中国移动 4G 业务的正式启动。

1987 年 11 月 18 日,中国移动第一个模拟蜂窝移动电话系统在广东省建成并投入商用。1995 年,GSM 数字电话网正式开通。2002 年,中国移动率先在全国范围内正式推出 GPRS 业务。2008 年,中国铁通集团有限公司并入中国移动通信集团公司,成为其全资子企业,保持相对独立运营。2008 年,铁道部与中国移动战略合作协议完成。4 月,中国移动在全国 8 个城市开放 157 号,

启动TD-SCDMA商用工作。2015年,中国移动宣布,中移铁通与铁通签订收购协议。

服务品牌:

动感地带(M-ZONE)——"我的地盘,听我的!"。动感地带是中国移动通信为年轻时尚人群量身定制的移动通信客户品牌,不仅资费灵活,还提供多种创新的个性化服务,给用户带来前所未有的移动通信生活体验。

神州行(Easyown)——"轻松由我,神州行!"。"神州行"品牌以"快捷和实惠"为原则,针对不同细分客户推出不同的资费套餐,所有的这些资费套餐被统称为"神州行"本地营销案。"神州行"品牌包括"神州行"标准卡和"神州行"本地营销案两大部分。

全球通(GoTone)——"我能"。"全球通"是中国移动通信的旗舰品牌,知名度高,品牌形象稳健,拥有众多的高端客户。伴随着中国移动业务的迅猛发展和中国移动全体员工的不懈努力,"全球通"已经成为国内网络覆盖最广泛、漫游国家和地区最多、功能最为完善的移动信息服务品牌,充分体现了"全球通"品牌的核心理念——"我能"。

G3——精彩3G新生活。G3是中国移动基于国产TD-SCDMA这一3G技术标准提出的服务品牌。

移动4G:4G是第四代移动通信技术的简称。中国移动4G采用了4G LTE标准中的TD-LTE。TD-LTE是由中国主导的4G网络标准,TD-LTE演示网理论峰值传输速率达到下行100Mbps、上行50Mbps。

2012年,中国移动4G在广州、深圳两地启动TD-LTE用户体验。2013年10月,中国移动获准在全国326个城市开展TD-

LTE大规模试验,在2013年年底前,向北京、杭州、广州、深圳、青岛、南昌、南京、温州、厦门、上海、天津、沈阳、成都等城市的用户提供4G服务。目前已经在全国普及。

2013年12月4日,中国移动获得4G牌照,具体频谱资源方面,中国移动获得130MHz,分别为1 880~1 900 MHz、2 320~2 370MHz、2 575~2 635MHz。

2017年,中国移动重心转向发展5G。

二、中国电信(China Telecom)

服务电话:10000

官网:http://www.chinatelecom.com.cn/

服务号段:133、153、177、180、181、189等。

中国电信集团公司是我国特大型国有通信企业,主要经营固定电话、移动通信、卫星通信、互联网接入及应用等综合信息服务。

中国电信集团公司,最初叫"中国电信移动通讯邮电总局",1999年,中国电信的寻呼、卫星和移动业务被剥离出去,后来寻呼和卫星并到三大运营商——电信、移动、联通。2002年5月,新的中国电信集团公司挂牌成立。2008年,收购中国联通CDMA网,中国卫通的基础电信业务并入中国电信。2009年1月,中国电信获CDMA2000牌照。2016年1月,中国电信集团公司与中国

联合网络通信集团有限公司在北京举行"资源共建共享、客户服务提质"战略合作协议签约仪式。

经营品牌：

天翼 4G：2013 年 5 月 7 日，中国电信天翼 4G 试验网络首个示范站点在南京青奥组委会驻地——南京绿博园正式开通，峰值速率可达 100Mbps。2014 年 9 月，4G 业务在全国一二三线城市全面展开。2015 年 2 月 27 日，工信部向中国电信颁发了第二张 4G 业务牌照，即 FDD-LTE 牌照，中国电信进入 LTE+CDMA 2000 协同发展时代。

天翼手机报：提供包括新闻、体育、娱乐、文化、生活和财经等新闻，用户订购了某份彩信手机报产品后，将会定期或不定期收到对应的各期报刊，每期报刊具有多个版面，一个版面内由一条或多条内容资讯组成。

189 邮箱：是中国电信针对 C 网手机用户、宽带用户提供的新一代的邮箱服务。

互联星空：是中国电信互联网应用的统一业务品牌。利用中国电信的网络、用户等资源，为用户提供影视、教育、游戏等丰富多彩的互联网内容和应用服务。具有"一点接入，全网服务""一点认证、全网通行""一点结算、全网收益"的优势和特点。

新视通：通过异地间图像、语音、数据等信息的实时交互远距离传输，实现多媒体视讯会议的通信服务业务。为集团客户在不同地方的分支机构召开会议，或者集团客户对应部门间的部门会议，以及远程教学、远程培训、远程医疗、楼宇保安监控、异地调度指挥和新闻发布广播等服务。

全球眼：网络视频监控业务是由中国电信推出的一项基于宽带网的图像远程监控、传输、存储、管理的新型增值业务。

会易通：具有使用方便、功能丰富、安全灵活等特点，非常适合分布在不同地点的公司企业的例会或临时性紧急会议等。

三、中国联通

服务热线：10010

官网：http://www.chinaunicom.com.cn/

服务号段：130、131、132、145、152、155、156、155、186等，其中145号段为中国联通3G WCDMA无线上网卡专属号段。

中国联通主要经营GSM、WGDMA和FDD-LTE制式移动网络业务，固定通信业务，国内、国际通信设施服务业务，卫星国际专线业务，数据通信业务，网络接入业务和各类电信增值业务，与通信信息业务相关的系统集成业务等。

中国联通拥有覆盖全国、通达世界的通信网络，积极推进

固定网络和移动网络的宽带化。2009年1月，中国联通获得WCDMA制式的3G牌照。2013年，中国联通启动4G设备建网，采购了TD-LTE基站。2014年3月18日，中国联通宣布启动4G商用。拥有沃3G/沃4G、沃派、沃家庭等著名客户品牌。2015年2月27日，中国联通获得FDD-LTE牌照。2016年1月13日，中国电信集团公司与中国联合网络通信集团有限公司在北京举行"资源共建共享、客户服务提质"战略合作协议签约仪式。

经营品牌：

沃品牌：分别面向个人、家庭、商务、青少年四大客户群体建立了涵盖所有创新业务、服务的五大业务板块——沃·3G/4G、沃·家庭、沃·商务、沃派、沃·服务。

116114信息服务：向用户提供"医、食、住、行、游、购、娱"全方位的生活服务信息内容。通过信息查询、预订机票、酒店、美食、土特产、医疗挂号、法律咨询、教育导航等业务实现"一号订天下"。

沃商店：为中国联通应用软件平台。

沃友：是一种基于互联网和通信网络的跨运营商、跨平台、跨网络的免费的全方位沟通方式，集成即时通信、微博和社区功能形成统一的信息聚合业务。

第三节　智能手机使用费用

一、智能手机的费用构成

目前，人们使用智能手机一般需要支付的费用有：打电话需要的费用；发短信需要的费用；上移动无线网需要的费用；如果你需要在手机上看书、听书，有的网站也会收费；如果你需要在网上银行转账，也需要看清楚各个银行的规定，有的银行也要收费。

当你接听电话听到新鲜的铃声歌曲时，马上会有短信告诉你下载需要付费用等。

二、各类合约套餐

为了赢得用户，中国移动、中国电信和中国联通等无线网络运营商先后推出了很多不同的合约套餐，这些套餐将打电话、发短信、上网基本费用捆绑在一起，用户可以根据自己的使用规律购买套餐。

三、移动无线网零售门店充值

为了赢得用户，中国移动、中国电信和中国联通等无线网络运营商的零售门店先后推出了随时随地网上充值服务并提供手机充值卡。

四、进村入户服务站代充值

农业部门为了推动农村信息化的发展，在农村设立了信息进村入户服务站，这些服务站的便民服务可帮助广大农民朋友充值话费。

五、在智能手机上充值

在微信上关注中国移动、中国电信和中国联通的官方微信公众号，点开公众号，就有充值按钮，点开后出现各种充值栏目，你可以选择自己需要的栏目打开充值，然后点击你充值的金额，通过微信账户支付。

六、节约智能手机费用的办法

在家里或办公室手机使用自有WLAN上网不付费，或者可以购买WLAN网络，其资费一般远低于移动数据(中国移动、中国电信、中国联通以及其他二级网络运营商如华数、华硕有线宽带网一般可以按年付费，安装无线路由器后发射的无线WLAN可以供笔记本、手机上网使用)。

当使用无线移动数据时候，先搜索附近是否有可用的WLAN，再打开WLAN。上网完成了必要的项目后可关闭手机移动数据功能，关闭WLAN。这样可以减少停止隐蔽网络软件在后台的运行消耗，减少移动数据的消耗。无线移动数据是按流量收费的。

  在公共场所,或者去朋友公司、单位,尽量使用有密码设置的无线 WLAN 上网。不要使用无密码的无线 WLAN,以保证你手机的安全。

第二章　手机 APP 主要类型和下载安装

第一节　手机 APP 的主要类型

APP 是英文 Application 的简称,是指智能手机的第三方应用程序,就是安装在手机上的软件,统称"移动应用",也称"手机客户端"或者"手机软件"。目前市场上的手机 APP 种类多种多样,主要把它分为如表 2-1 所示的几种类别。

表 2-1　手机 APP 的主要类别及应用

分类	应用
社交应用	微信、新浪微博、QQ 空间、人人网、开心网、腾讯微博、facebook、人人网、YY 语音
地图导航	Google 地图、导航犬、凯立德导航、百度地图、谷歌地图
网购支付	淘宝、天猫、京东商城、大众点评、美团、掌上亚马逊、当当网、苏宁易购、支付宝
通话通讯	手机 QQ、飞信、QQ 通讯录、YY 语音;掌上宝、旺信、阿里旺旺、掌上免费电话
生活消费类	去哪儿、携程、途牛、百度旅游、大众点评、58 同城、百度外卖、百度糯米
查询工具	墨迹天气、我查查、快拍二维码、盛名列车时刻表、航班管家
拍摄美化	美图秀秀、快图浏览、3D 全景照相机、百度魔图、美人相机、磨屏漫画、照片大头贴
影音播放	酷狗音乐、酷我音乐、奇艺影视、多米音乐、PPTV、优酷、QQ 音乐、暴风影音

(续表)

分类	应用
图书阅读	iReader、Adobe 阅读器、云中书城、懒人看书、iBook、QQ 阅读、手机阅读、开卷有益
浏览器	UC 浏览器、QQ 浏览器、ES 文件浏览器
新闻资讯	搜狐新闻、网易新闻、鲜果联播、掌中新浪、中关村在线

第二节 手机 APP 的下载及安装方法

一、PC 端访问所下载软件的官方网站

从网页上下载 APP 安装包，传输到手机上，在手机端点击"安装包"进行安装。此方法主要应用于安卓手机用户。

案例：

PC 端访问腾讯官方网站来下载手机 QQ。

（1）首先打开计算机的 IE 浏览器，在地址栏输入腾讯的软件下载网址 http：//pc. qq. com/，如图 2-1 所示。

图 2-1 浏览器中输入腾讯网址

（2）然后在菜单栏中选择"无线产品大全"，进入软件下载页面，如图 2-2 所示。

（3）选择要下载的软件"手机 QQ"，进入手机 QQ 下载页面，如图 2-3 所示。

（4）点击"立即下载"，再根据手机的操作系统选择下载的软件，如果你使用的是苹果手机点击"iPhone"，如果你使用的是安卓操作系统点击"Android"，如果你的手机是其他操作系统，点击

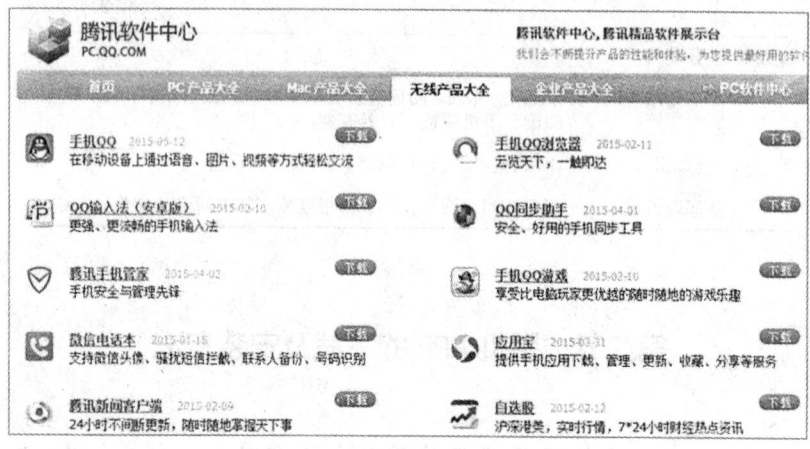

图 2-2　无线产品下载页面

图 2-3　手机 QQ 下载页面

"更多手机系统版本"。如图 2-4 所示。

(5)选择下载路径,下载 APP 安装文件。如图 2-5 所示。

(6)将下载的 APP 安装文件(后缀是.apk)复制到手机,并点击"安装"。

图 2-4 根据系统选择下载软件

图 2-5 保存 APP 安装文件

二、使用 PC 端助手软件

在计算机上安装手机助手软件,如安卓系统的豌豆荚、手机管家、360 手机助手等。从计算机上下载后,可以直接安装到手机。此方法不仅省去了手机流量,还使操作过程更直观、方便。

案例:

使用"豌豆荚"下载手机 QQ。

（1）下载"豌豆荚"安装软件。首先打开浏览器，在地址栏中输入豌豆荚的官方网址 https://www.wandoujia.com/，如图2-6所示，进入下载页面，如图2-7，点击"电脑版"选择保存路径，保存安装文件，如图2-8。

图 2-6　浏览器中输入豌豆荚官方网址

图 2-7　"豌豆荚"下载页面

图 2-8　保存"豌豆荚"安装文件

(2)安装"豌豆荚"电脑版。双击"豌豆荚"的安装文件。选择安装位置后点击"开始安装",如图 2-9,安装成功后点击"开始使用",进入"豌豆荚",如图 2-10。

图 2-9 "豌豆荚"安装页面

(3)打开豌豆荚,将手机通过数据线连接到计算机。如图 2-11 所示。

(4)查找应用。点击左侧的"应用",在右侧的搜索栏中输入"QQ",点击"搜索",进入查询页面,如图 2-12 所示。

(5)安装应用。点击"安装"后,手机 QQ 就安装到手机上了。

三、手机端应用市场

现在,不同品牌的手机大多已经安装了本品牌的手机应用市场(华为、小米手机的应用市场;苹果的 App Store 等)。进入手机的应用市场,搜索 APP 名称下载即可。

以使用华为手机应用市场安装手机 QQ 为例。

(1)打开应用市场。点击华为手机的"应用市场",如图 2-13

图 2-10 "豌豆荚"安装完成

图 2-11 "豌豆荚"连接手机

和图 2-14 所示。

(2)搜索软件。在搜索栏输入"QQ",点击后面的搜索图标,如图 2-15 和图 2-16 所示。

图 2-12 "豌豆荚"搜索界面

图 2-13 华为手机界面

(3)安装软件。点击 QQ 后面的"下载"按钮,安装软件,当下载进度条变成"打开",软件安装结束。如图 2-17 所示。

图 2-14 "应用市场"打开界面

图 2-15 搜索界面

第二章　手机 APP 主要类型和下载安装

图 2-16　搜索结果界面

图 2-17　软件安装界面

四、扫描二维码

使用手机软件的二维码扫描工具(如我查查、微信或其他APP),对准所下 APP 二维码进行扫描,即可下载安装。

案例:

以使用微信扫描安装 QQ 为例。

(1)打开微信,点击"发现"。如图 2-18 所示。

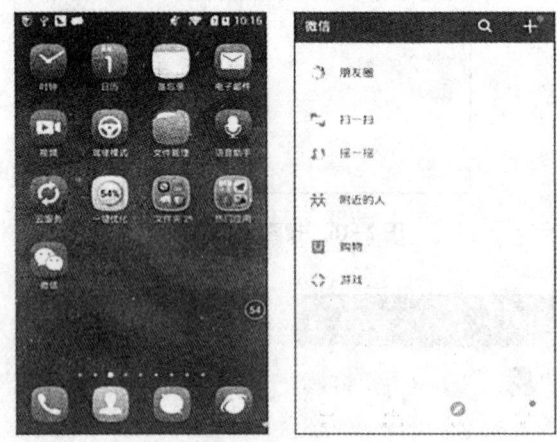

图 2-18 打开"微信"

(2)选择"扫一扫",对准腾讯官网中的下载页面中的二维码进行扫描(见 PC 端访问腾讯官方网站来下载手机 QQ 中的前 4 步),进入下载界面。如图 2-19 和图 2-20 所示。

(3)下载 QQ。点击"立即下载",选择下载浏览器,点击"普通下载"保存安装文件。如图 2-21 所示。

(4)安装 QQ。点击"安装",安装手机 QQ,如图 2-22 所示。

图 2-19　扫二维码界面

图 2-20　QQ 下载界面

图 2-21 下载 QQ 步骤

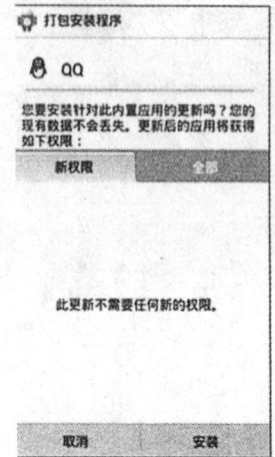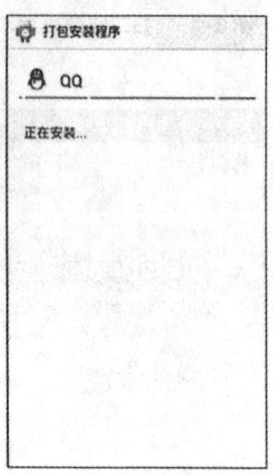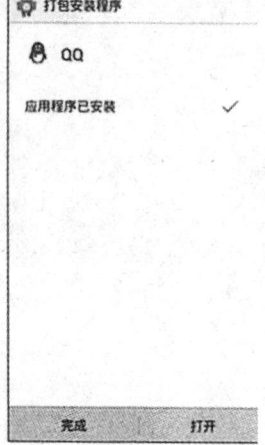

图 2-22 手机 QQ 的安装过程

第三章 智能手机的互联网中的应用

第一节 查询信息

一、手机浏览器

我们一般通过手机浏览器来查询信息。

1. 打开手机浏览器。

2. 输入关键字查询信息。

案例：通过 UC 浏览器来查询"智能家居"的基本信息。

(1) 安装 UC 浏览器。我们采用使用手机应用市场的方法来安装，如图 3-1 所示。

图 3-1 UC 浏览器的安装过程

(2) 打开 UC 浏览器。在搜索栏输入"智能家居"点击"搜索"。选择你感兴趣的网页进行查看即可。如图 3-2 所示。

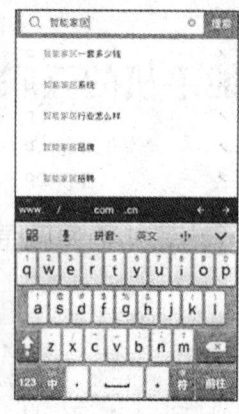

图 3-2　UC 浏览器搜索"智能家居"过程

二、取钱无忧

"寻找 ATM"是一款专门寻找取款机的地图工具,几乎覆盖全国所有网点,并能精确找到离用户最近的 ATM。该软件比较简单,其具体操作步骤如下。

(1)进入软件后,点击"ATM 列表"按钮,如图 3-3 所示。

(2)软件按照距离由近至远的顺序,显示附近的 ATM 或银行网点,点击要去的 ATM,如图 3-4 所示。

(3)即可显示 ATM 的具体位置,如图 3-5 所示。

三、突发情况处理

急救手册是一款涵盖外出可能遇到的各种困难的处理指南,其具体使用方法如下。

(1)进入软件后点击"户外意外急救"选项,如图 3-6 所示。

(2)软件会显示常见状况,点击"行驶中汽油不够"选项,如图 3-7 所示。

(3)即可显示该主题的处理方法,如图 3-8 所示。

(4)向下滑动即可查看全部内容,如图 3-9 所示。

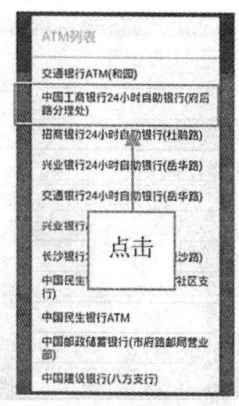

图 3-3　点击"ATM 列表"按钮　　　图 3-4　点击要去的 ATM

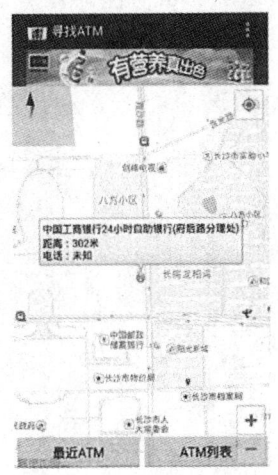

图 3-5　查看详情

有过旅游经验的用户都知道，一旦发生突发情况，身处外地很可能要"挨宰"。俗话说"求人不如求己"，用户可以通过这款软件，找到大部分情况的处理方法，而不必陷入"巨额加油费""天价药品"等陷阱。

图 3-6　点击"户外意外急救"选项　　图 3-7　点击"行驶中汽油不够"选项

图 3-8　处理方法　　　　　　　　图 3-9　查看全部内容

四、扫码避免购物欺骗

购物是旅游中必不可少的一环,然而购物可能遇到的问题也最多,如假冒商品、高价商品等。特别是对于一些土特产,这些商品往往没有明确价格，完全是商家随口喊价，用户极有可能"被宰"。

对此，用户可以使用"微信"自带的"扫一扫"功能，其具体使用方法如下。

（1）打开软件，选择扫描"条形码"或"二维码"（一般商品都是条形码），再将摄像头对准商品的条形码，如图3-10所示。

（2）扫描完毕后，软件会给出该商品信息和参考价，如图3-11所示。

图3-10　扫描条形码　　　　图3-11　扫码结果

用户还可以通过手机浏览器登录搜索网站，搜索某一商品的相关信息。例如到北京旅游，当地烤鸭的价格差异很大，用户可以进入搜索网站，如百度，输入关键字并点击"百度一下"按钮，如图3-12所示。网页找到搜索的相关信息，用户可以查看，并作为自己购物的参考，如图3-13所示。

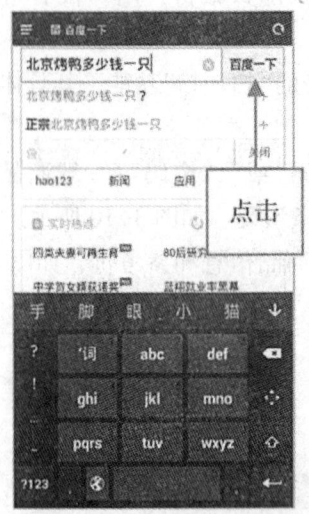

图 3-12 点击"百度一下"按钮　　图 3-13 搜索到的相关信息

第二节　阅读电子出版物

手机看电子出版物有两种方法，第一种是将电子书下载下来，放在手机内存或者 SD 卡中，使用图书阅读类的手机 APP 软件进行观看；另一种就是直接在线进行阅读。

一、使用手机阅读软件阅读

1. 下载电子出版物，并保存到手机内存或 SD 卡中。
2. 下载手机阅读软件，并安装。
3. 阅读电子出版物。
案例：
以 iReader 掌阅阅读器阅读《唐诗三百首》。
（1）下载《唐诗三百首》，并保存到手机。

> 小提示：
>
> 下载电子出版物的时候，最好选择文本文档（后缀是.exe）的文件下载。文本文档占用的空间小，并且大多数书的阅读软件都支持。若下载的是压缩文件（后缀是.rar或者.zip），要把压缩文件解压缩后再拷贝到手机。

(2)选择手机应用商城，在搜索栏中输入"iReader"进行查找，然后点击"下载"，下载并安装，如图3-14所示。

图3-14　"iReader"的安装过程

(3)点击"文件管理"，点击"文档"，选择"本地"，在手机中查找刚才下载文件的位置，直接打开已下载的电子出版物进行阅读，如图3-15所示。

(4)或者，打开手机阅读软件，点击"+"，点击"本机导入"，查找手机目录，或者查看"智能导书"，选择所下载的电子出版物，点击"加入书架"，将图书导入，然后再进行阅读，如图3-16所示。

二、直接在线阅读

1. 打开手机浏览器，在地址栏中输入网址或直接搜索关

图 3-15　直接打开文件阅读

键词。

2. 选择电子读物，在线阅读。

案例：

以使用 UC 浏览器在线阅读《唐诗三百首》为例。

（1）打开 UC 浏览器，在地址栏中输入"唐诗三百首"点击"搜索"。如图 3-17 所示。

（2）在搜索结果中，选择一个合适的页面打开，在线阅读。如图 3-18 所示。

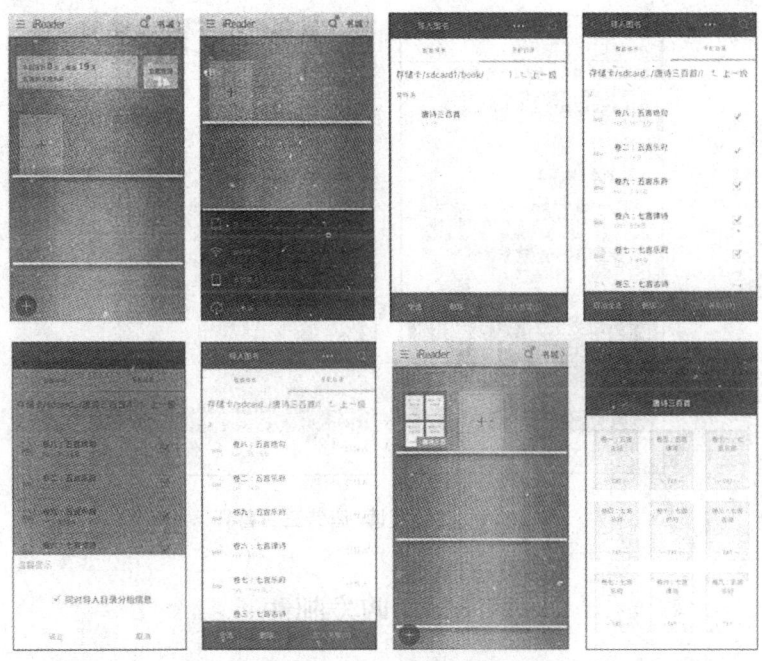

图 3-16　iReader 本机导入图书

图 3-17　UC 浏览器搜索"唐诗三百首"

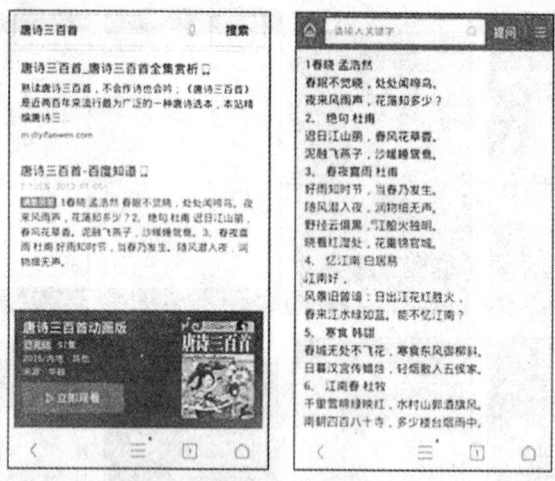

图 3-18 在线阅读《唐诗三百首》

第三节 收发邮件

手机收发邮件主要有两种方式，一种是下载手机软件来收发邮件；另一种是直接在线收发邮件。

一、手机软件收发邮件

1. 下载手机邮件软件。
2. 登录邮箱，收发邮件。
案例：
下载手机 QQ 邮箱软件，收发邮件。
（1）使用手机应用市场下载 QQ 邮件手机 APP，点击"手机应用市场"，在搜索栏中输入"QQ 邮箱"，点击"下载进行安装"。如图 3-19。

（2）打开手机 APP，选择登录邮箱登录。若邮箱是 QQ 邮箱，点击"QQ 邮箱"，进入"登录"界面，输入"邮箱"点击"登录"。如

图 3-19　安装"QQ 邮箱"

图 3-20。

（3）收邮件。点击"收件箱"，进入收邮件，打开邮件阅读。如图 3-21。

（4）发邮件。点击邮箱右侧的　　，点击"写邮件"进入发件箱，在收件人栏输入收件人邮箱，在主题栏输入主题，在正文栏输入邮件正文，点击右下角的　　，可以选择图片、文件等添加附件，点击"发送"发送邮件。如图 3-22 所示。

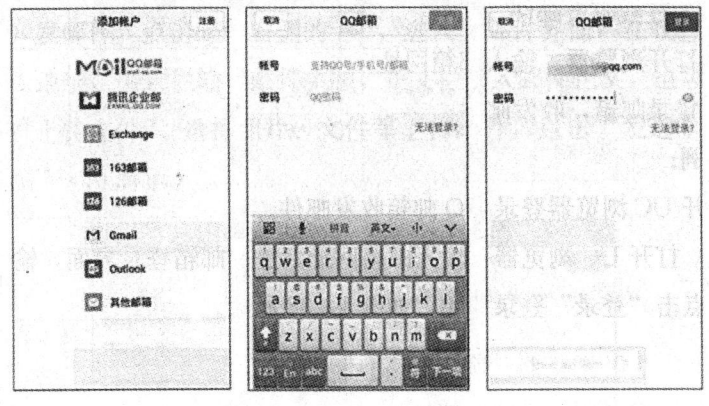

图 3-20　登录"QQ"邮箱

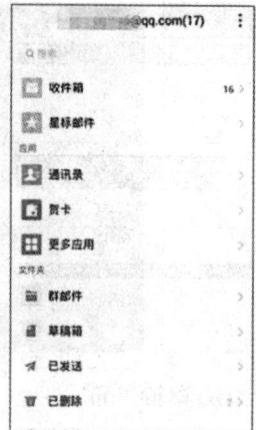 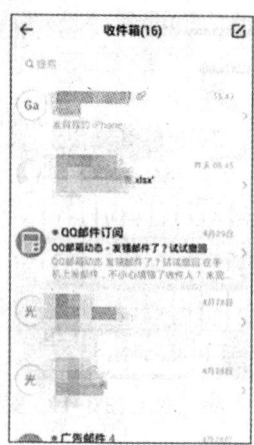

图 3-21 进入"收件箱"查看邮件

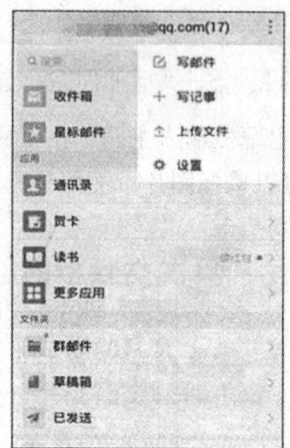 

图 3-22 进入"写邮件"发邮件

二、在线收发邮件

1. 打开浏览器,输入邮箱网址。
2. 登录邮箱,收发邮件。

案例:

打开 UC 浏览器登录 QQ 邮箱收发邮件。

(1)打开 UC 浏览器,输入邮箱网址,进入邮箱登录界面,输入账号和密码点击"登录"登录邮箱,如图 3-23 所示。

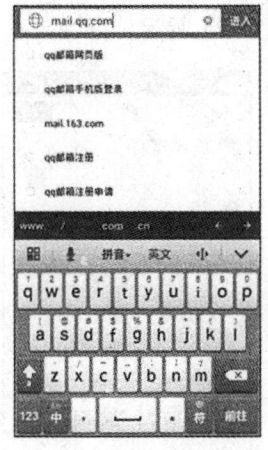

图 3-23　UC 浏览器登录 QQ 邮箱

(2)收邮件。点击"收件箱",阅读邮件,如图 3-24 所示。

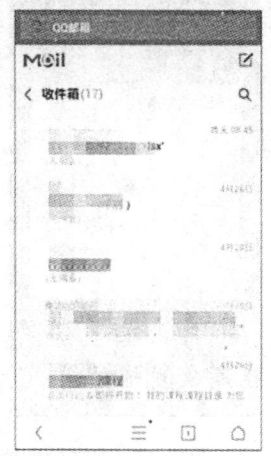

图 3-24　"收件箱"收邮件

(3)发邮件。点击邮箱右侧的 , 进入写邮件界面, 在收件人栏输入收件人地址, 主题栏输入邮件主题, 正文栏输入邮件正文, 也可以点击下侧的"上传文件", 选择照片、文件等上传附件, 点击"发送"发送邮件。如图 3-25 所示。

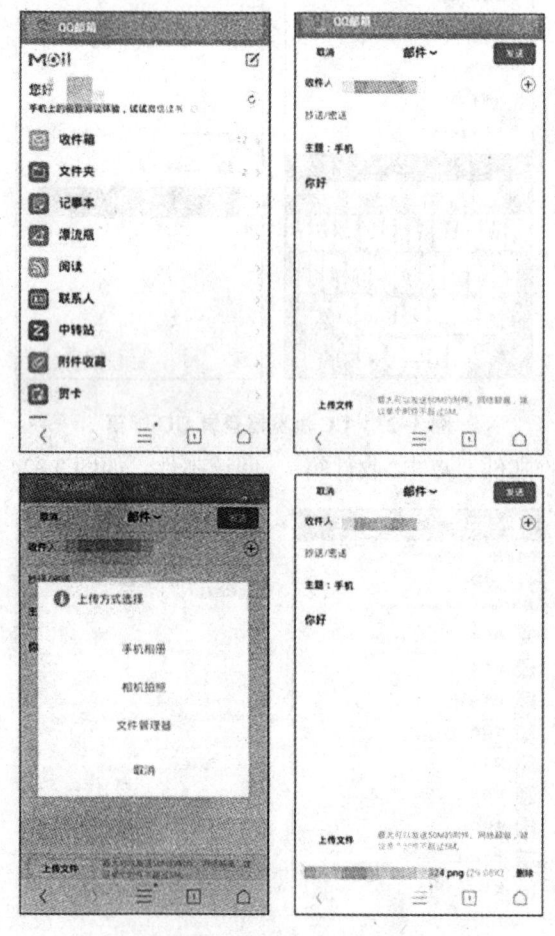

图 3-25 发送邮件

四、使用网络社交工具

智能手机作为移动社交工具,突破了地域、时间的限制,让沟通变得更方便。常用的手机社交软件主要有微信、QQ。

第四节 微信

在微信5.2版本中，集成了越来越多的功能，其中包括丰富的消费功能，购物、聚餐、看电影等功能应有尽有，充分满足人们的消费需求。

一、精选商品

打开微信，点击"我的银行卡"，然后在如图3-26所示界面中选择"精选商品"，跳转到如图3-27右图所示的另一种途径的购物界面。

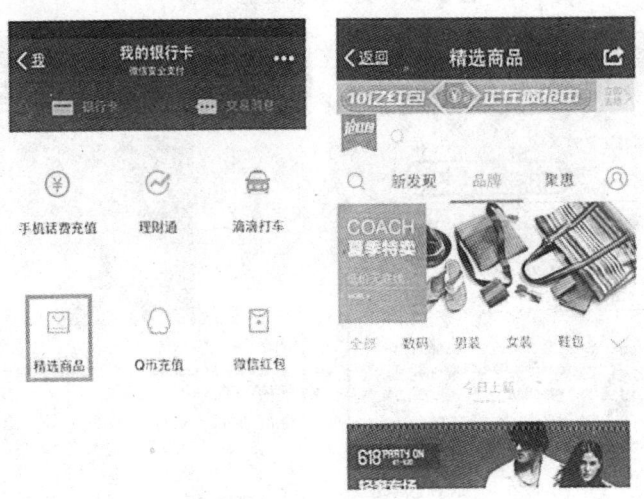

图3-26 精选商品

我们以购买手机为例，在搜索框中输入"手机"转到搜索结果页面，选择要购买的某款手机，进入到如图3-28右图所示的该款手机详情页面。

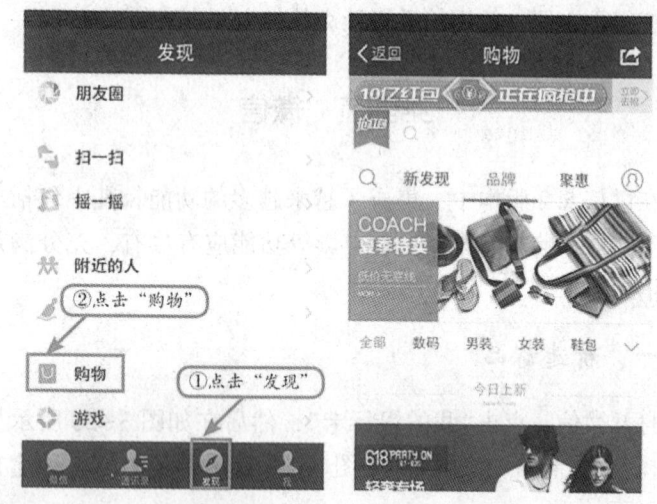

图 3-27 另一种途径的"购物"

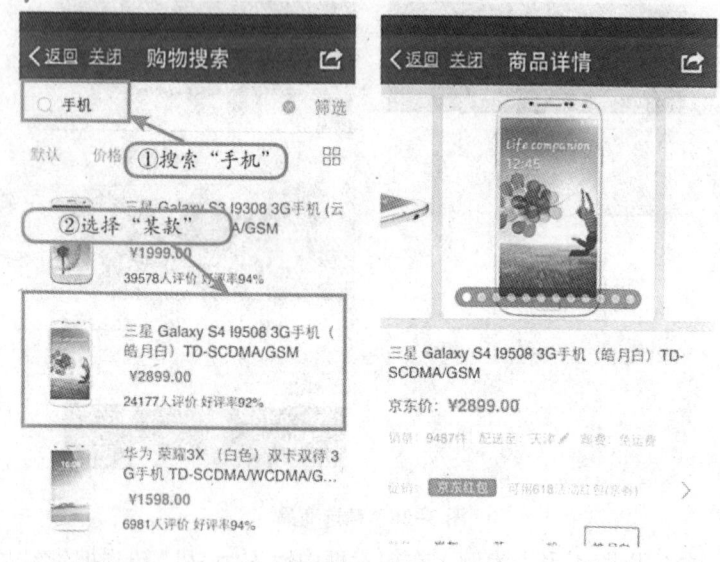

图 3-28 搜索商品

选择所买手机的型号和数量,点击"立即购买",跳转到"确认订单"页面,确认送货地址及联系方式等订单信息,如图 3-29 所示。

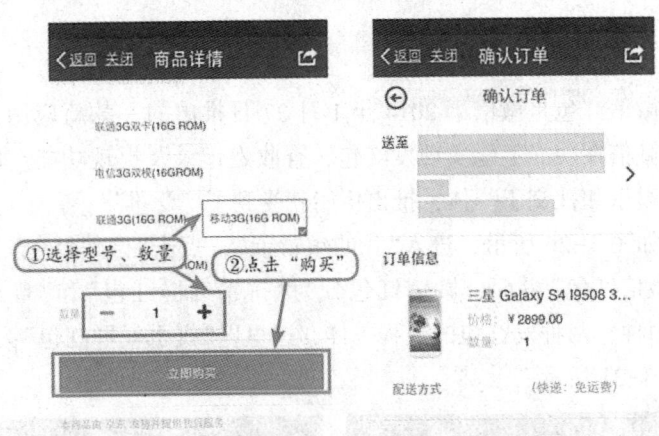

图 3-29 下单

下拉确认订单页面，对订单进行支付，这里提供了"微信支付"和"货到付款"两种支付方式，点击"微信支付"，跳转到图 3-30 右图所示的"支付"页面，输入支付密码，点击"支付"按钮，手机购买成功。

图 3-30 微信支付

二、微信红包

微信红包是微信于 2014 年 1 月 27 日推出的一款新应用,出现在微信在功能上能实现发红包,查收发记录及提现功能。由于其集娱乐和社交于一体,推出伊始就受到了广泛推崇。

如图 3-26 所示,进入"我的银行卡",点击"微信红包",进入"微信红包"界面,微信红包分为"拼手气群红包"和"普通红包"两种,两种发红包的流程一样,这里以"拼手气群红包"为例,如图 3-31 所示。

图 3-31　进入微信红包

如图 3-32 所示,在微信红包的界面填写发红包的数量和总额,然后写一些发红包的祝福语,最后点击"塞钱进红包",完成对微信红包的设置。输入密码后,点击"支付",跳转到图 3-33 右图所示的支付完成界面,点击"完成",完成对红包的支付。

第三章 智能手机的互联网中的应用

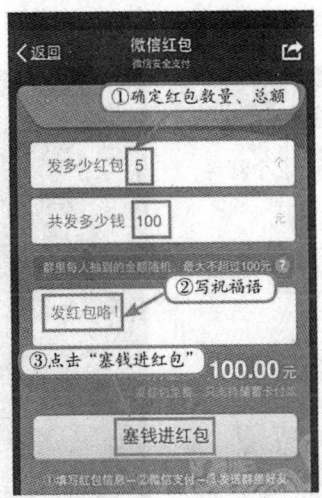

图 3-32 塞钱进红包

图 3-33 对红包进行支付

完成支付后,如图 3-34 所示,点击"给好友发红包",出现

· 47 ·

右图所示的提示页面5秒钟,点击右上角的"分享"按钮。

图3-34 给好友发红包

如图3-35所示,在分享页面点击"发送给好友"按钮,跳转到中间图所示的页面,点击"创建新的聊天",在最右侧页面选择要发送红包的联系人,点击"确定"按钮。

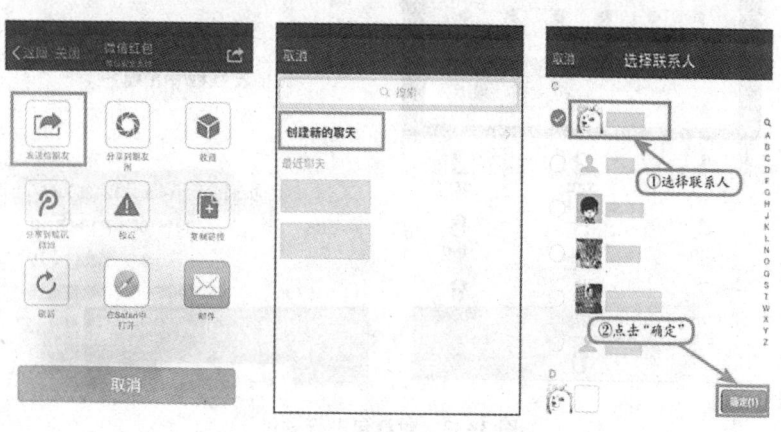

图3-35 选择要发送的好友或微信群

在发送界面,先在白色框内写祝福语,然后点击"发送",就成功把红包发送给好友了,如图 3-36 所示。

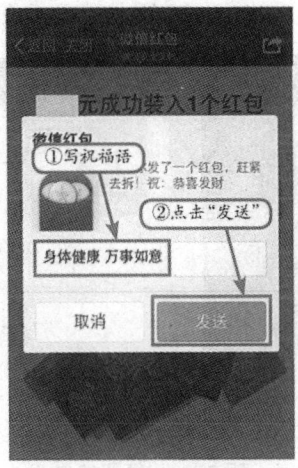

图 3-36　发送红包

收到红包后,会收到微信消息,点击"微信红包"链接,跳转到图 3-37 右图所示界面,点击界面中间的红包。

 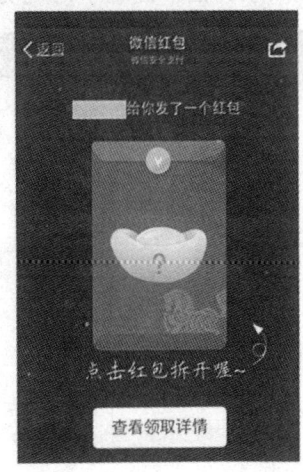

图 3-37　收到红包

拆开红包之后，成功领取红包内的金额，点击"查看详情并留言"按钮，完成领取红包，点击右图左上角的"返回"，返回到"微信红包"主界面，如图3-38所示。

图 3-38 领取红包

在微信红包主界面，下方显示红包中的金额，点击下方"提现"按钮，跳转到"提现申请"页面，点击"申请提现"，跳转到最右侧图所示界面，提现申请成功，如图3-39所示。

图 3-39 红包提现

三、电影票

微信还集成了在线购买电影票的功能,在微信"我的银行卡"中,找到"电影票"。点击"电影票",跳转到图 3-40 右图所示界面,选择所在城市。

图 3-40　定位城市

然后出现正在热映的电影,这里选择"×战警:逆转未来",跳到该电影的介绍页面,点击"排期购票",如图 3-41 所示。

然后选择影院和时间,分别点击红色框中所选的影院和时间,如图 3-42 所示。

然后进入和手机号进行绑定界面,先在框内输入手机号,点击右侧的"获取验证码"按钮,把短信收到的验证码输入下面框内,点击"绑定",然后跳到右图所示的选择座位页面,在座位区选择合适的座位,点击下方"确认选择"按钮,就选座成功,如图 3-43 所示。

图 3-41　选择电影

图 3-42　选择影院及时间

然后如图 3-44 所示,点击"立即购买",跳转到"支付"页面,输入支付密码之后,点击"支付",购买电影票就成功了。

四、AA 收款

微信 AA 收款悄然上线后,我们可以发起朋友圈 1 对 1 收款,并且可以分享到朋友圈,小伙伴们潇洒聚会之后再也不用挨个数

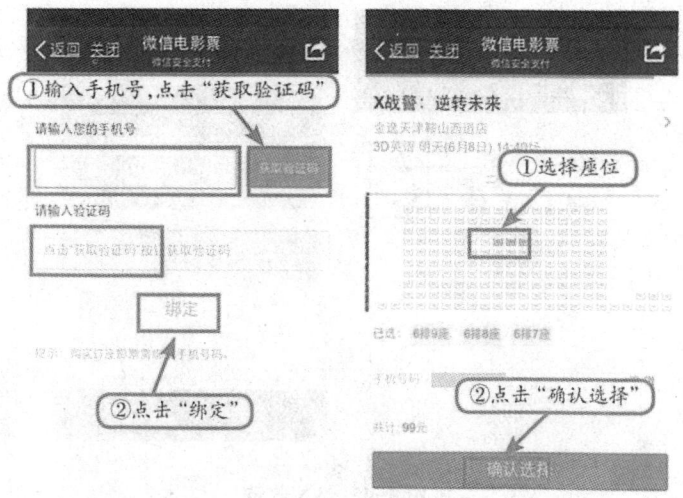

图 3-43 绑定手机及选择座位

图 3-44 微信支付电影票

钞票啦。具体操作是，先点击"我的银行卡"，点击"AA 收款"，出现 AA 收款的界面，选择"小伙伴聚餐"这一项，如图 3-45 所示。

然后在相应的框内填写"聚餐人数"和"小票金额"，点击"确

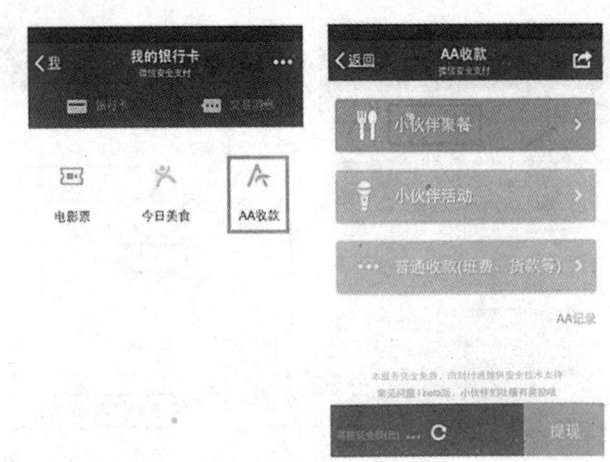

图 3-45 AA 收款

定"按钮,出现右图所示的界面,点击绿色"向小伙伴们发起 AA 付款"按钮,如图 3-46 所示。

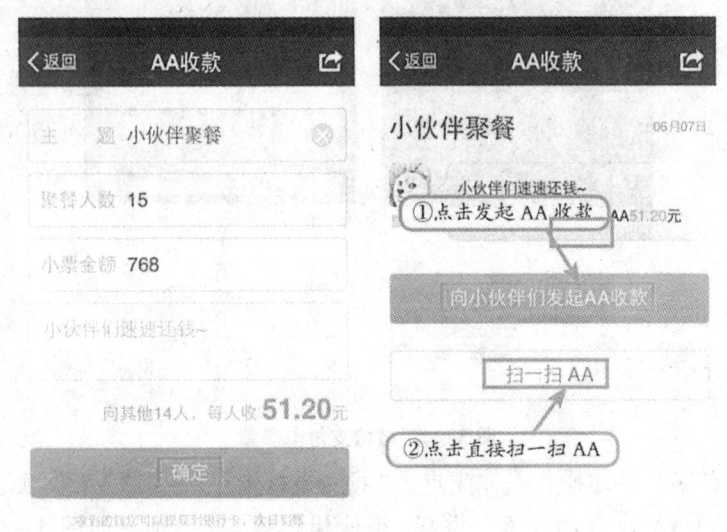

图 3-46 确定人数和金额

然后出现黑色提示,按照提示点击右上角的"分享"按钮,出现分享页面,点击"发送给朋友",如图 3-47 所示。

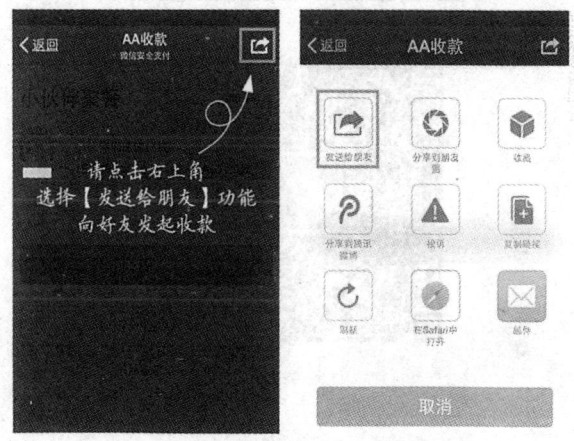

图 3-47　AA 付款信息发送给好友

选择所要发送的好友。然后出现 AA 付款信息,点击"发送"按钮,就将付款信息发送给相应的好友,如图 3-48,图 3-49 所示。

图 3-48　确认付款信息

图 3-49 扫描二维码付款

第五节 在线娱乐、交流论坛

在线娱乐有很多种方式,游戏、论坛都占有很大的比例。

一、游戏

游戏作为手机 APP 的一类重要软件,有很大的用户群体。大部分人的手机上都装有游戏。各种游戏的规则都不一样。但总体上来说,在智能手机上玩游戏主要有以下步骤。

1. 下载并安装游戏软件。
2. 注册用户,登录游戏。
3. 按照游戏规则玩游戏。

二、交流论坛

1. 下载并安装论坛类 APP。
2. 注册/登录账号。
3. 浏览帖子。
4. 发布帖子。

案例：

在天涯社区浏览帖子。

（1）下载并按照"天涯社区"。打开手机应用市场，在搜索栏输入关键字"天涯社区"，点击"下载"并安装，如图 3-50 所示。

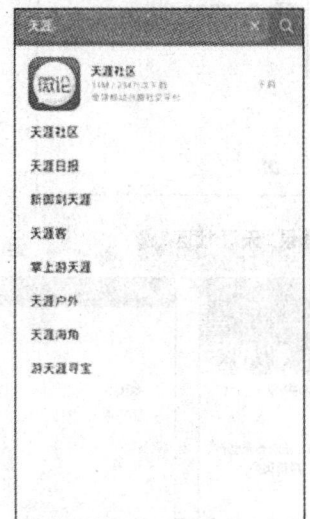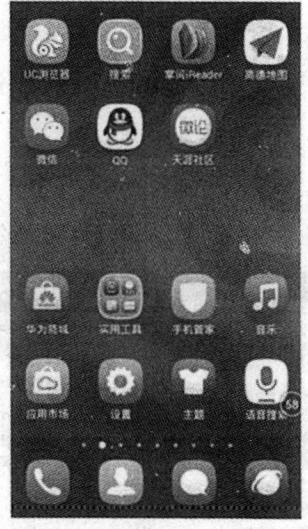

图 3-50　下载安装"天涯社区"

（2）注册/登录账号。打开"天涯社区"，若没有账号，点击"注册"按照要求填写注册信息；若有账号，点击"登录"。如图 3-51 所示。

（3）浏览帖子。点击"论坛"，进入"天涯社区"选择感兴趣的帖子浏览，若想发表意见，可点击在底部的"一起拍砖"，输入意见后点击"发送"。如图 3-52 所示。

（4）发表帖子。点击板块左上角的 ☑，编辑帖子，点击"发表"。如图 3-53 所示。

图 3-51　注册/登录"天涯社区"

  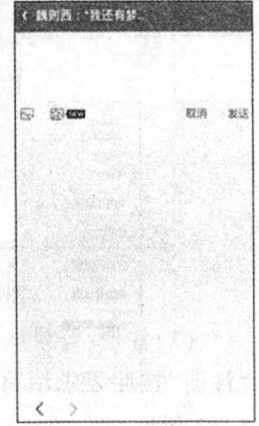

图 3-52　浏览回复帖子

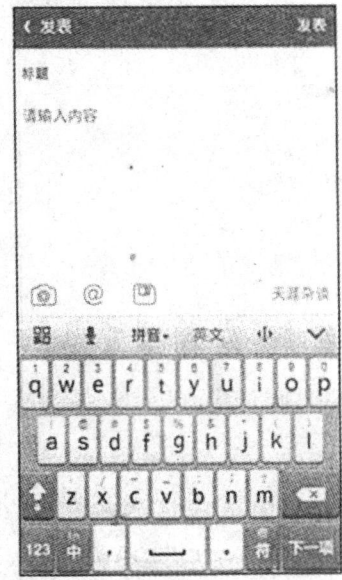

图 3-53 发表帖子

第六节 在线视频

智能手机看在线视频有两种方式,一种是下载手机 APP 在线观看。另一种是直接输入网址,在线观看。

一、使用手机 APP 在线观看视频

1. 下载视频软件。
2. 选择视频观看视频。
案例:
以优酷在线看视频为例。
(1) 下载优酷手机 APP。打开手机应用市场,在搜索栏输入关键词"优酷",点击"下载"并安装。如图 3-54 所示。

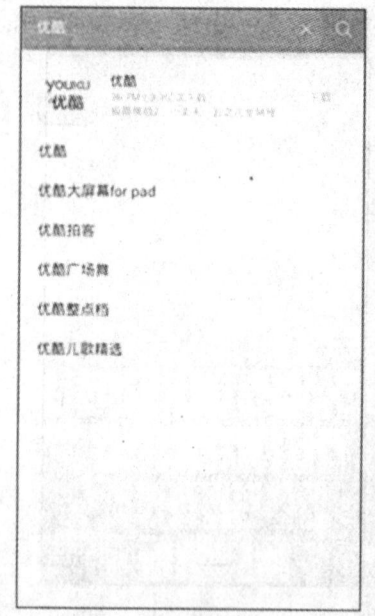 

图 3-54　下载手机优酷

（2）选择视频。打开优酷，选择想看的视频在线观看。

二、输入网址在线观看

1. 打开浏览器。
2. 搜索视频，在线观看。
案例：
搜索电视剧《琅琊榜》在线观看。
打开 UC 浏览器，在搜索栏输入"琅琊榜"，点击搜索，进入搜索结果界面，选择集数在线观看。如图 3-55 所示。

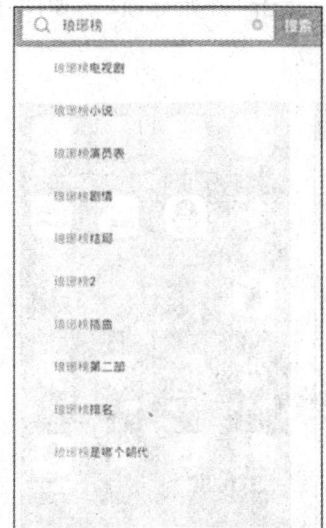 

图 3-55　在线观看视频

第七节　在线导航

智能手机可以 GPS 定位，安装了手机导航软件后，可以通过手机定位来导航。

1. 下载导航 APP 软件。
2. 设置目的地及出发地，选择导航方式。
3. 进入导航。

案例：

以使用高德地图进行导航为例。

（1）下载高德地图。打开手机应用市场，在搜索栏输入"高德地图"，点击"下载"并安装。如图 3-56 所示。

（2）打开高德地图，在搜索栏输入目的地地址，点击"去这里"，选择出发地（若不是当前位置则重新输入出发地），选择出行方式(开车、公交或者步行),点击"开始导航"。如图3-57所示。

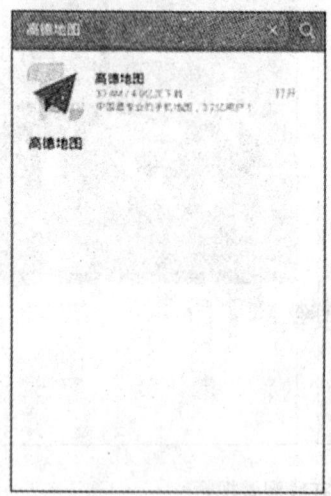

图3-56 下载并安装"高德地图"

第八节 天气查询

如果有一款能够随时查询天气信息的手机软件,会让大家的出行更加方便。天气通就是一款不错的天气软件,支持塞班(Symbian)、安卓(Android)、iOS(iPhone、iPad)和Windows Phone平台。

天气通不仅能随时查询天气信息,还能提供更为全面的天气服务,最关键的是费用比订阅天气预报短信要低(每日使用的流量几乎可以忽略不计)。

一、天气预报即时更新

传统天气预报一般是一天预告一次,而天气通是每小时更

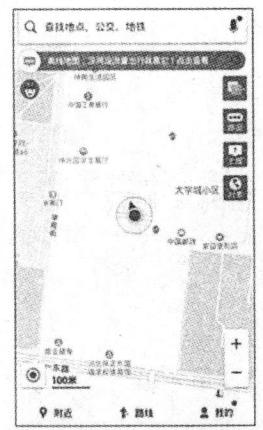 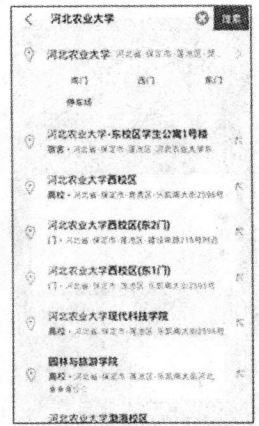 
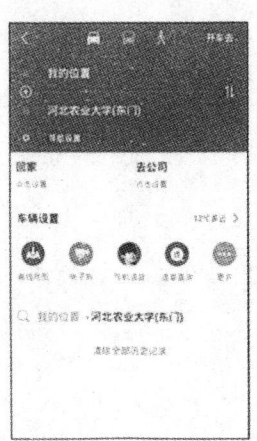 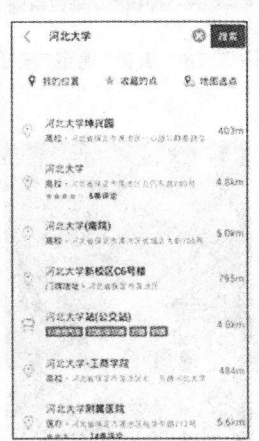 

图3-57 "高德地图"进行导航

新,其预报的准确度更高。第一次进入软件的用户,系统会自动定位手机当前所处的城市,并添加到城市列表中,点击"确定"按钮即可。如图3-58所示。以后每次打开天气通,软件会直接显示该城市的天气信息。如图3-59所示。

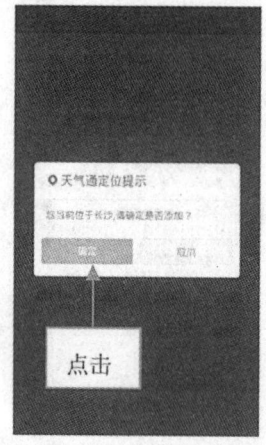

图 3-58　点击"确定"按钮

图 3-59　天气信息

专家提醒

值得注意的是,虽然天气通只是一款天气预报软件,但用户使用时必须打开手机的定位功能。

二、穿衣指数提前掌握

天气通最大的特色之一就是它对出行的建议、提示功能,在界面下方点击"生活"按钮即可,如图3-60所示。天气通会对穿衣指数、带伞指数、紫外线指数和运动指数有一个系统的评估,用户可以根据其建议提前安排自己的行程与衣着。

点击其中任意按钮,即可查看该指数更为详细的信息资讯。如图3-61为穿衣指数的信息。

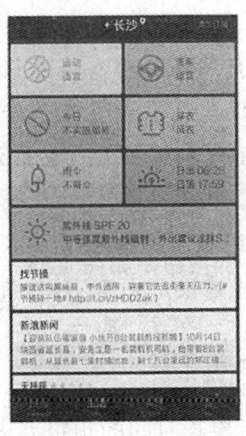

图3-60 "生活"按钮

图 3-61　穿衣指数信息

专家提醒

穿衣指数是根据自然环境对人体感觉温度的影响，最主要的天空状况、气温、湿度及风等气象条件，对人们适宜穿着的服装进行分级，以提醒人们根据天气变化适当着装。一般来说，温度较低、风速较大，则穿衣指数级别较高。穿衣气象指数共分8级，指数越小，穿衣的厚度越薄。不过，天气通的穿衣指数表现更为直观，直接建议用户穿什么样的衣服比较合适。

三、气温趋势一目了然

天气通也可以进行更长时间的预报，进入软件后，向下滑动屏幕即可。如图 3-62 所示。

从图中可以看到，最高气温、最低气温的走势和天气状况一目了然，用户可以很好地根据趋势规划出行安排等。

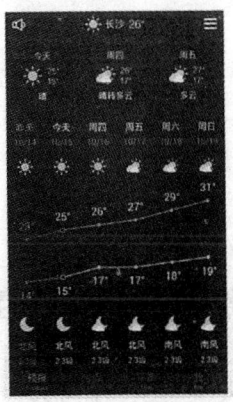

图 3-62　天气趋势

四、身边实景的展示

用户可以拍摄自己身边的天气上传到天气通，供其他用户参考；也可以看看大家身边的实景。进入软件后，点击屏幕下方的"实景"按钮，如图 3-63 所示。点击任意照片即可查看详情，如图 3-64 所示。

图 3-63　点击"实景"按钮

图 3-64　查看详情

> **专家提醒**
>
> 要注意的是,如果用户每天都要使用这些功能(如拍摄实景上传),也会消耗比较多的手机流量。对于在室外且没有流量数据包月的用户,其开销也是不小的。

第九节 饮食应用

俗话说"民以食为天",没有任何人会拒绝吃得更好、更健康、更实惠的饮食指南。以下两款手机软件可以让用户在吃得好的同时,还能吃得实惠,是饮食方面不错的手机软件。

一、随身菜谱

"网上厨房"是为用户提供菜谱分享、厨艺交流的美食社区。有数十万个美食菜谱供用户查阅,并且每日都有更新和推荐的菜谱。最关键的是,这些菜谱大多属于家常菜,好吃而不贵。

进入软件后,有"最近流行""最新菜谱"等板块供用户查看。这里以"最新菜谱"为例,为用户讲解查看菜谱的步骤。

(1)在软件主界面点击"最新菜谱"按钮,如图3-65所示。

(2)系统会显示其他用户最新上传的菜谱,如图3-66所示。

(3)点击任意菜谱即可查看详情,如图3-67所示。

(4)向上滑动手机屏幕即可查看该菜谱的原料、做法等信息,如图3-68所示。

用户也可以发表自己做的菜,在主界面上点击"发表"按钮,并按照其流程操作即可。不过发表菜谱需要注册,用户也可以使用QQ、"腾讯微博"账号进行登录。

图 3-65　点击"最新菜谱"按钮

图 3-66　最新菜谱

图 3-67　查看详情

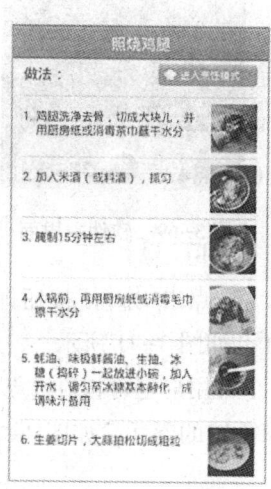
图 3-68　滑动屏幕

二、挑选餐厅

"食神摇摇"是一款个性化餐厅推荐软件,可以帮助用户解决"吃什么""去哪里吃""贵不贵"的难题,其具体使用方法如下。

(1)选择"附近""排行"等选项,如图 3-69 所示。

(2)点击"附近"按钮即可显示用户周围的餐厅,如图 3-70 所示。

图 3-69 软件主界面

图 3-70 显示周围的餐厅

(3)点击"排行"按钮即可显示用户所在城市本周最受欢迎的餐厅,如图 3-71 所示。

(4)用户也可以在主界面摇一摇手机,系统会随机为用户找一家不错的餐厅,如图 3-72 所示。

第十节 网上预订

智能手机给我们的生活带来了很大的方便,不仅可以直接从网上购物,也可以进行网上预订,比如旅行预订、房间预订、火

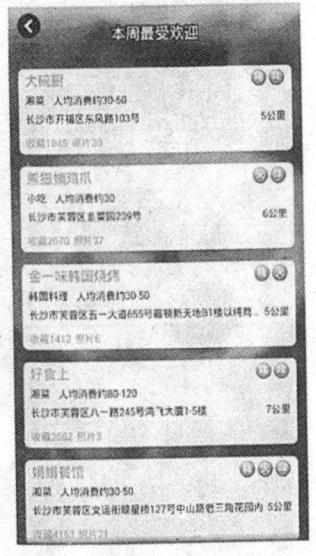 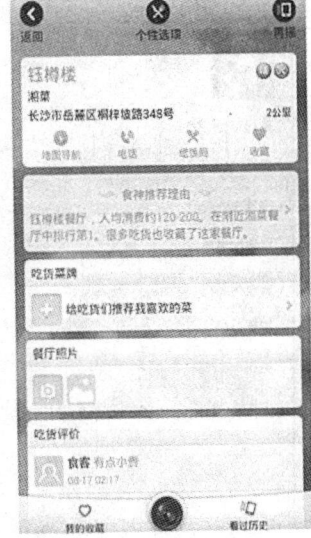

图 3-71　显示本周最受欢迎的餐厅　　图 3-72　随机的餐厅

车票预订、送外卖等。

一、旅行预订

随着人民生活水平的提高，外出旅行逐渐成为新风尚，我们可以直接在智能手机上进行旅行行程预订。

1. 下载并安装手机 APP。
2. 注册/登录账号。
3. 搜索行程进行预订。

案例：

使用携程预订去云南旅行。

（1）下载并安装携程手机 APP。打开手机应用市场，在搜索栏搜索"携程"点击"下载"并安装。如图 3-73 所示。

（2）注册携程账号并登录。打开"携程旅行"，点击"我的携

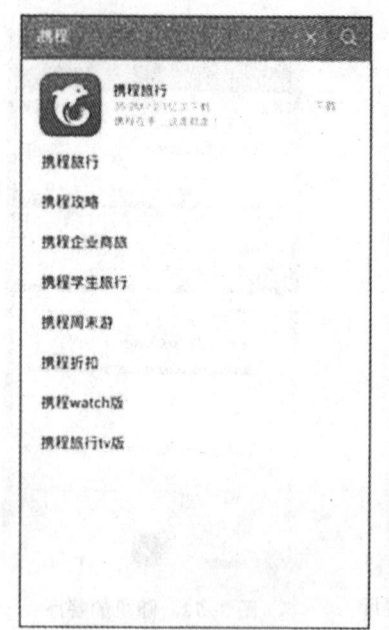 

图 3-73 "携程旅行"的安装

程",点击"登录/注册",若已有账号,直接输入账号、密码点击"登录";若没有账号,点击右上角的"注册",输入手机号码,按照步骤注册。如图 3-74 所示。

(3)查询旅游信息。点击"首页",点击"旅游",在搜索栏输入目的地或者关键词"云南"点击"搜索"。如图 3-75 所示。

(4)预订旅游。根据出行方式(参团、自由行等)查看旅行信息,选取路线,点击"开始预订",选择出行日期和人数,查看金额,点击"下一步",若是多人,想要每人单独一个房间,选择增加单房差下面的人数,点击"下一步,填写订单",按照订单要求,填写信息,填写完成后,点击"下一步,去支付",支付成功后,旅行预订成功。如图 3-76 所示。

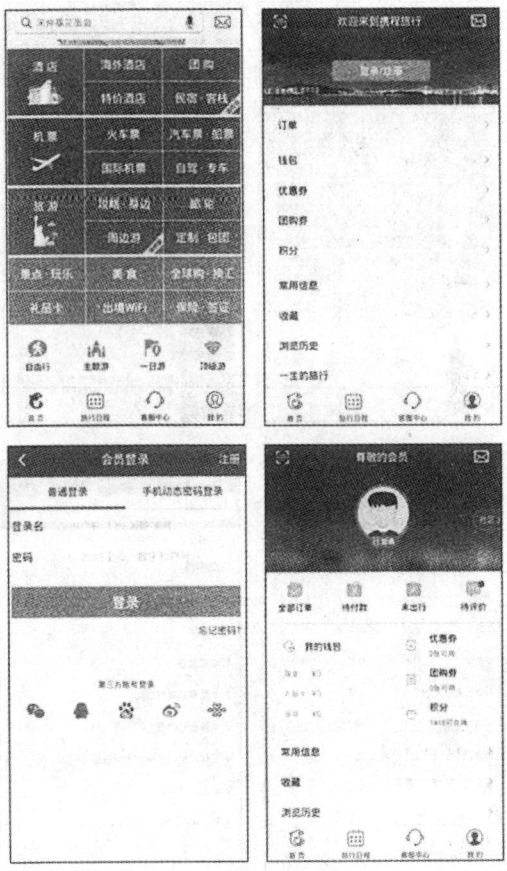

图 3-74 登录/注册用户

二、房间预订

1. 查询酒店。
2. 预订房间。

案例：

在携程旅游预订一个位于前门附近的北京的快捷酒店。

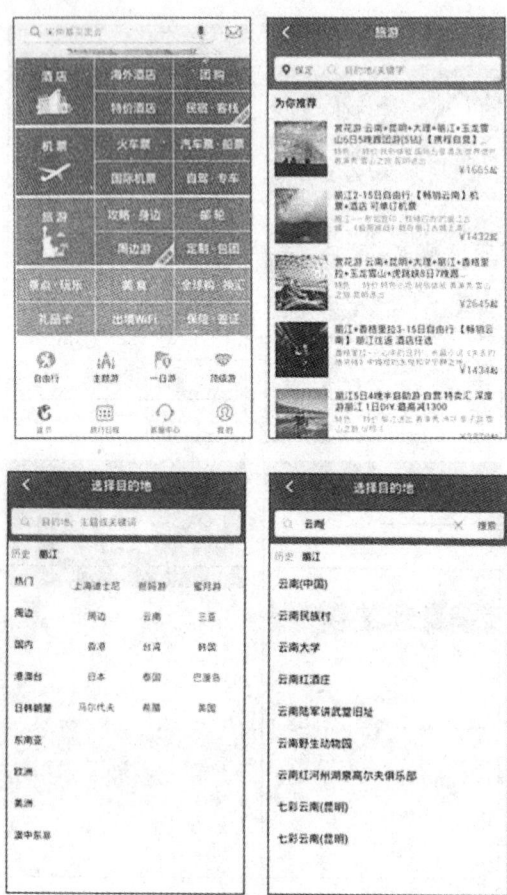

图 3-75 查询旅行信息

（1）查询酒店信息。点击"首页"，点击"酒店"，输入入住地点、入住日期、酒店类型或品牌点击查询，根据价位、居住位置选择酒店。如图 3-77 所示。

（2）预订房间。选择房间，点击"预订"，填写入住人信息，核对房间信息后点击"提交订单"，收到酒店确定的短信后，房间预订成功。如图 3-78 所示。

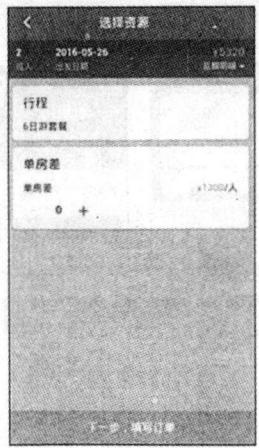
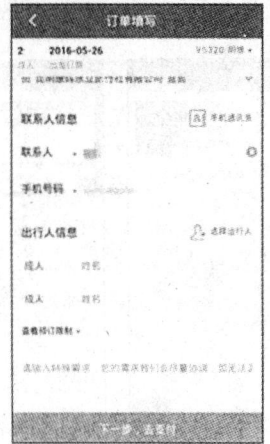

图 3-76 预订旅游

三、火车票预订(12306官网)

1. 下载并安装手机 APP。
2. 注册用户。
3. 搜索火车票。
4. 预订火车票。

 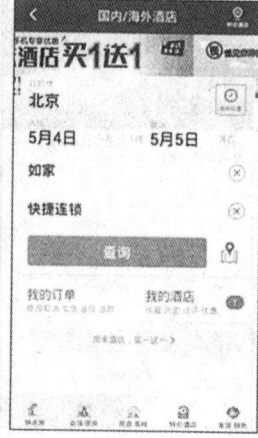 

图 3-77 查询酒店信息

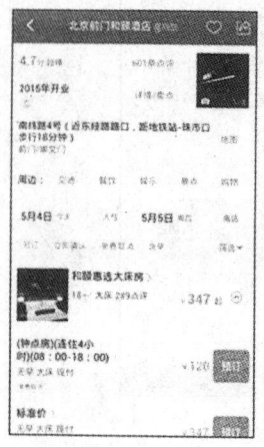 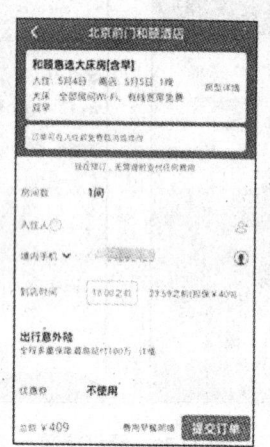 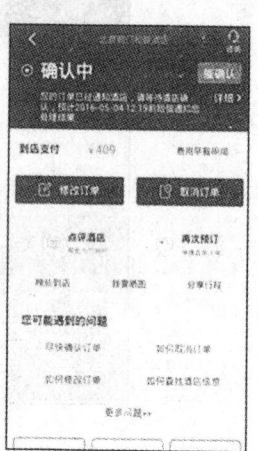

图 3-78 预订房间

案例：

使用 12306 官网预订 5 月 21 日从保定到北京的火车票。

（1）下载并安装 12306 手机 APP。打开手机应用市场，在搜索栏输入"12306"，点击"下载"并安装。如图 3-79 所示。

（2）注册/登录账号。打开"铁路 12306"，点击"我的 12306"，

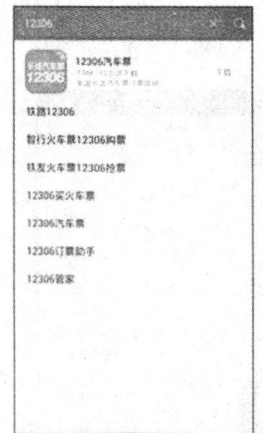

图 3-79　下载安装"铁路 12306"

若有账号，点击"登录"，若没有账号点击"注册"，按照要求注册账号。如图 3-80 所示。

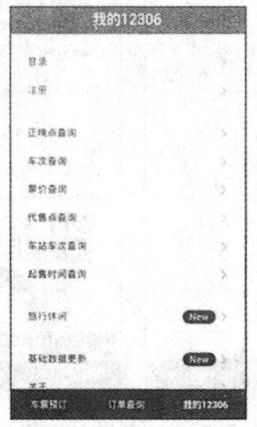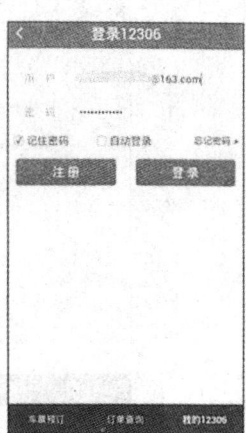

图 3-80　注册/登录"铁路 12306"

（3）预订火车票。在"车票预订"中，输入出发地、目的地，选择出发时间点击查询，在查询结果中选择车次，然后添加乘车人，若乘车人在列表中可以直接选择，若不在列表中，点击右上角的"添加",按照要求填写乘客信息后点击"完成",核对信息无误后点击"提交订单"。如图 3-81 所示。

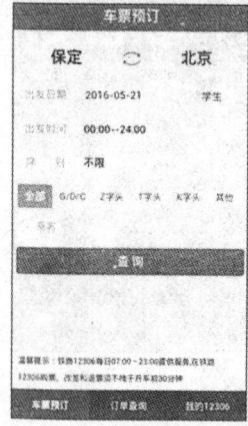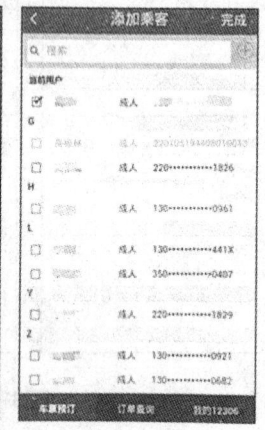

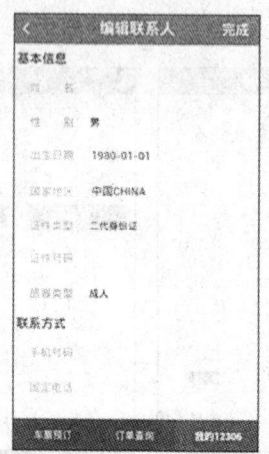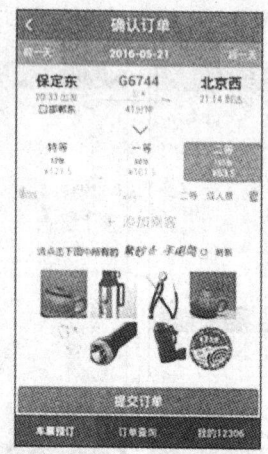

图 3-81 预订火车票

(4)订单支付。提交订单后,点击"立即支付",选择支付银行卡的银行,点击"提交支付",输入银行卡号等信息后点击"确认支付"。支付成功后,12306 会给注册时留下的手机号码发送乘车信息。如图 3-82 所示。

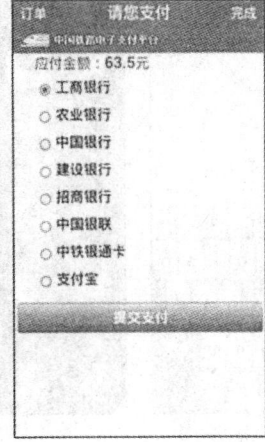

图 3-82 订单支付

四、订餐及外卖

1. 下载并安装手机 APP。
2. 注册用户。
3. 搜索美食下单。
4. 支付订单。

案例：

使用百度外卖订餐。

(1) 下载并安装"百度外卖"手机 APP。打开手机应用市场，在搜索栏中搜索"百度外卖"，点击"下载"并安装。如图 3-83 所示。

(2) 注册/登录用户。打开"百度外卖"，点击"我的百度"，点击"登录/注册"，若有账号，可以直接登录，若没有账号可以点击"注册"或者直接使用手机号码。如图 3-84 所示。

(3) 订餐。点击"首页"，在上部的地址框中选择送货地址，点击"餐饮"，选择饭店，在饭店中选择美食，点击右侧的"+"放

图 3-83　下载并安装"百度外卖"

  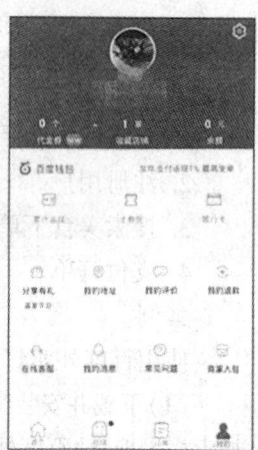

图 3-84　登录/注册用户

入购物车，选择完成后，点击"选好了"，填写送货地址，点击"确认下单"并支付。如图 3-85 所示。

第三章 智能手机的互联网中的应用

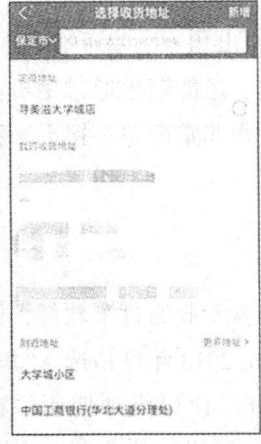
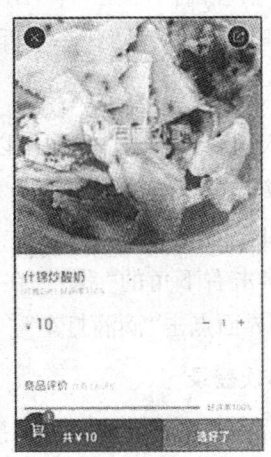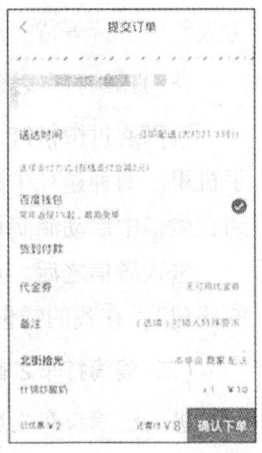

图3-85 订餐

第十一节 掌上出行

生活中您是否遇到过早晚高峰出租车拒载、强制拼车的情况？是否在恶劣天气中迟迟等不到一辆出租车？是否在演唱会、球赛之后的深夜频频遭遇黑车？"滴滴打车"和"快的打车"等打车利器的出现让我们告别了一车难求的尴尬。只要动一动手指,几秒钟就可以打到放心的出租车,享受便捷的出行服务。除此之外,对于出远门的朋友,还能轻松通过手机方便订取火车票和飞机票,让我们的出行变得非常简单。接下来我们就来了解下便捷的掌上出行吧!

一、滴滴打车

滴滴打车软件是一款专业的打车软件,凭借其优秀的设计与应用体验入选"App Store 2013 年度精选。"滴滴打车"改变了出租司机的等客方式,它可以让司机师傅用手机等待乘客"送上门来";同时,更增加了乘客出门的便利,不用再在高峰时段和恶劣天气中苦苦等待。滴滴的愿景是"让车不再难打"!

(一)滴滴打车之微信服务

可以通过微信进入滴滴打车软件,也可以下载独立的 APP 到手机里。两种途径中滴滴打车的使用方法基本一致。下面主要介绍在微信中启动滴滴打车的方法。

进入微信之后,点击右下角的"我",在之后的界面点击"我的钱包",在我的钱包界面点击"滴滴打车"。如图 3-86 所示。

(二)滴滴打车之首次登录

进入滴滴打车之后点击左上角的"菜单"按钮,跳转到"登录"界面。如图 3-87 所示。

在登录界面电话号码框中填写自己的手机号码,点击"验证"。60 秒内会收到一条含有验证码的短信,将验证码填入框中。然后,点击"确认",跳转到"滴滴打车"的主界面,登录成功。如图 3-88,图 3-89 所示。

(三)滴滴打车之马上叫车

登录之后,输入目的地和始发地,然后选择性添加小费,小

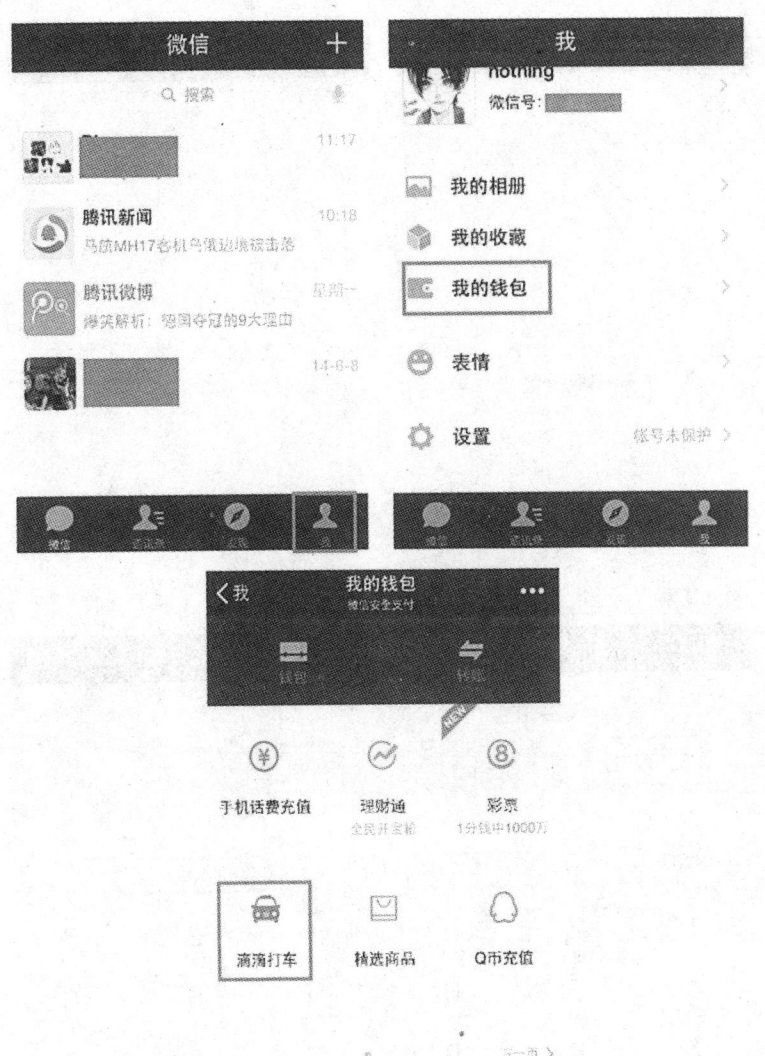

图 3-86 进入微信滴滴打车界面

费金额为 0~20 元，设置完毕后，点击"马上叫车"，完成了打车设置的过程，等待司机接单。如图 3-90 所示。

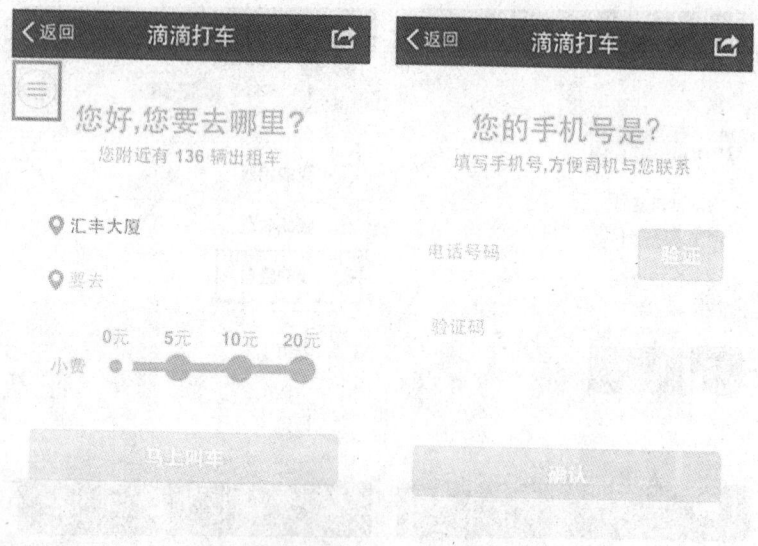

图 3-87 进入登录界面

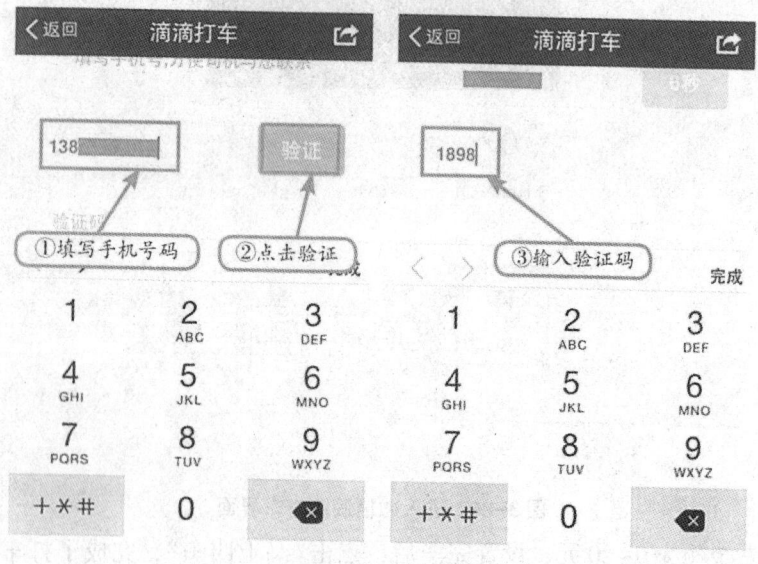

图 3-88 登录滴滴打车

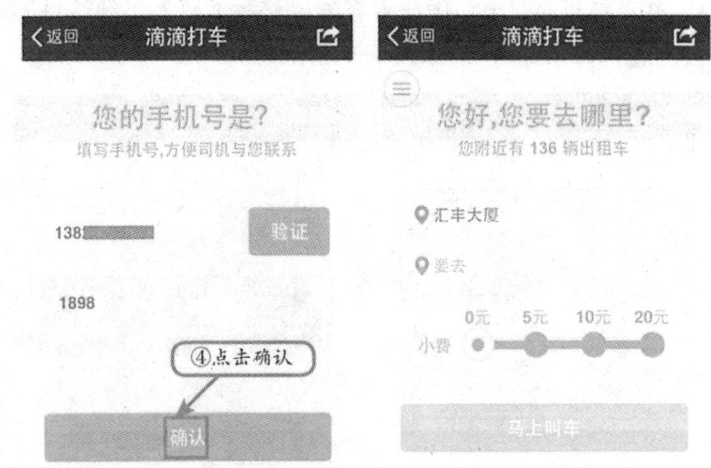

图 3-89　登录滴滴打车(续)

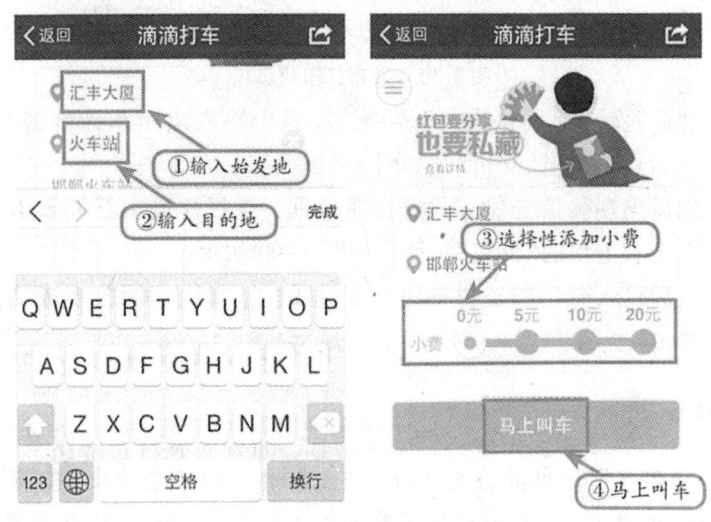

图 3-90　打车设置

完成打车的设置发布打车信息之后，如果您临时想取消打车，点击屏幕下方的"取消叫车"。

如果已经有司机接单成功，屏幕上显示出出租车信息和距离信息，并且司机会打电话确认乘客的位置。然后上车到达目的地之后，点击"微信支付"。如图3-91所示。

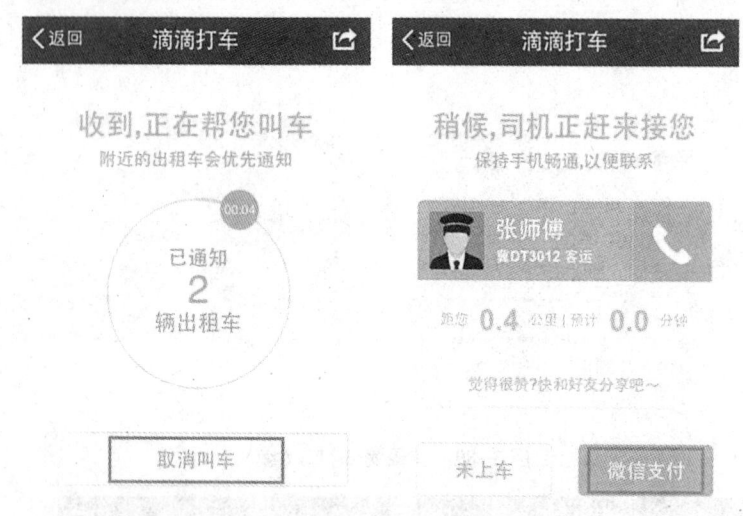

图3-91　发布打车信息

然后跳转到"确认支付"界面，在框中输入出租车计价器金额，之后点击"确认支付"。如图3-92所示。

然后出现微信支付方式选择对话框，选择建设银行储蓄卡，然后点击右上角的"继续"按钮。如图3-93所示。

最后输入微信的支付密码，支付成功，本次滴滴打车成功。如图3-94所示。

> **小提示**
>
> 　　还不习惯使用微信支付的朋友，一样可以方便地使用滴滴打车叫出租车，支付时仍然使用现金，支付后在图3-92所示界面点击"我已现金支付"即可。

（四）滴滴打车之客户端

滴滴打车客户端能够提供更加专业的服务，其中最重要的就

图 3-92 微信支付

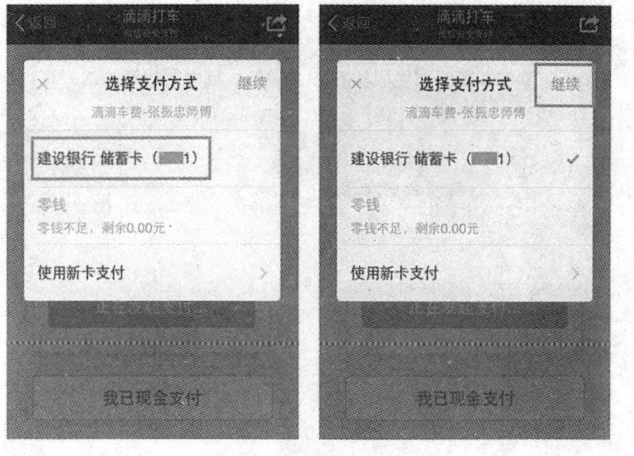

图 3-93 选择支付方式

是预约打车的功能。首先点击滴滴打车客户端。如图 3-95 所示。

初次进入滴滴打车需要绑定手机。点击左上角的"菜单"按钮,进入绑定手机的页面,输入手机号,点击验证按钮后会收到

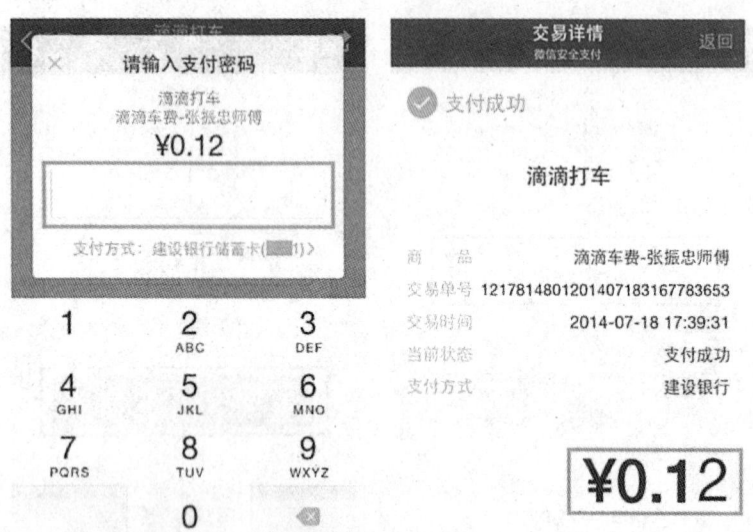

图 3-94 支付完成

图 3-95 进入滴滴打车客户端

含有验证码的短信。将验证码输入到框中,点击"开始"按钮,完成登录,并回到主界面。如图 3-96 所示。

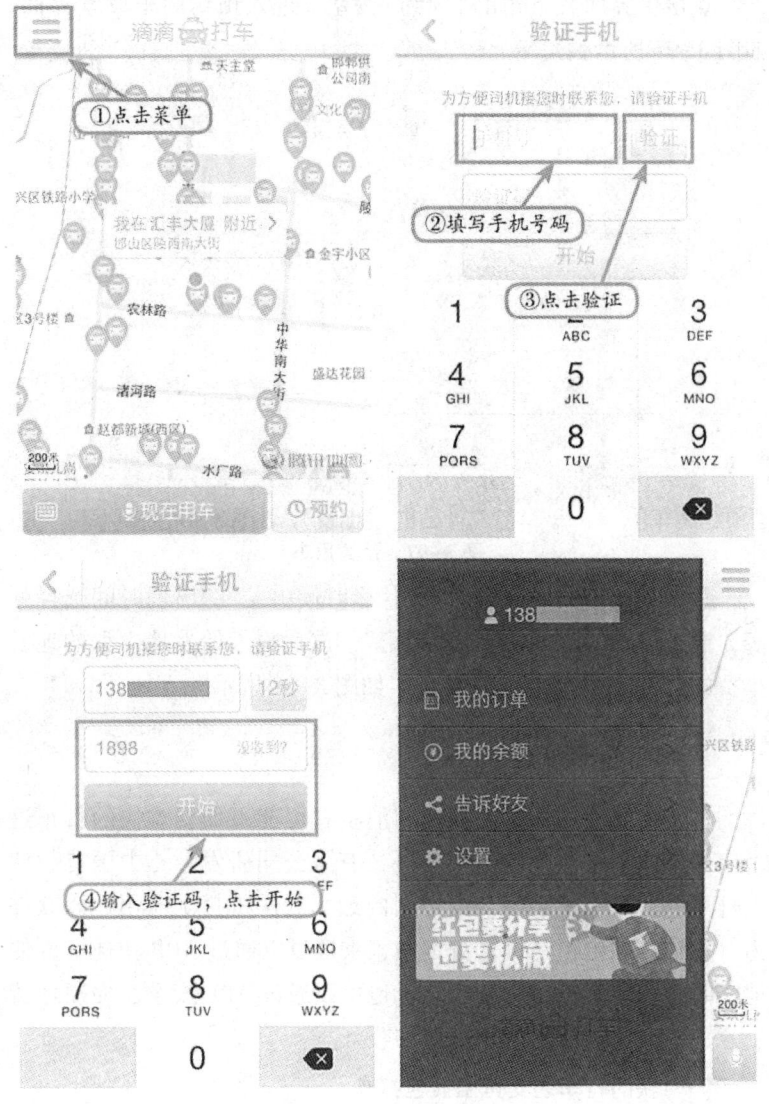

图 3-96 登录滴滴打车客户端

滴滴打车客户端的"现在用车"功能和微信中滴滴打车并无差

异,所以这里着重介绍预约用车的功能。

点击主界面右下角的"预约"按钮,进入预约用车设置界面。如图3-97所示。

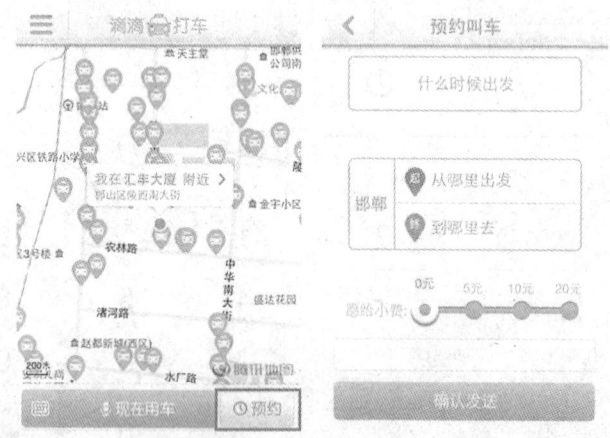

图3-97 预约用车

在预约用车的界面,点击"什么时候出发",出现时间选择列表,选择出发的时间,点击"确定"。之后输入始发地、目的地及小费的金额,点击"确认"发送。如图3-98所示。

二、快的打车

很多习惯使用支付宝钱包的消费者可能更加喜欢快的打车这个应用。快的打车由杭州快智科技有限公司研发,是中国首款便民打车的智能手机应用,也是国内最大的手机打车应用。该软件为打车乘客和出租司机量身定做,乘客可以通过APP快捷、方便地实时打车或者预约用车,司机也可以通过APP安全、便捷地接生意,同时通过减少空跑来增加收入。

(一)快的打车之支付宝钱包打车

如果手机中没有安装快的打车应用,我们可以利用支付宝钱包中的快的打车服务来快速打车,但是功能只限于直接打车,不

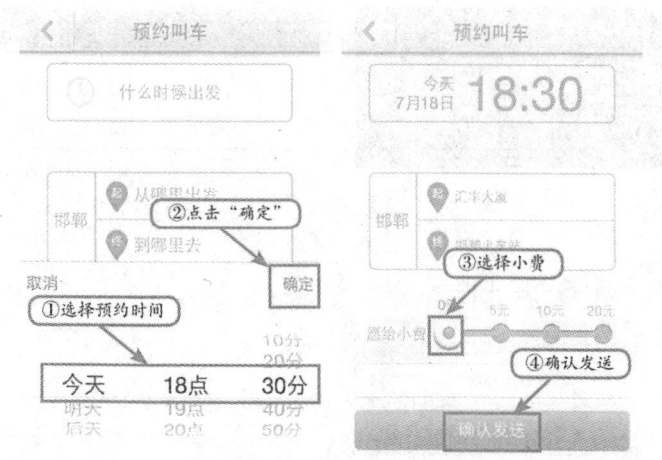

图 3-98　预约用车设置

支持预约打车。

　　进入支付宝钱包之后,在支付宝钱包主界面点击"省略号",然后在第二页找到快的打车。如图 3-99 所示。

　　点击"快的打车",在出现的界面中输入始发地和目的地,点击"开始打车",等待司机接单。如图 3-100 所示。

　　乘车高峰的时候滑动屏幕左上的"加点小费"按钮调节消费的金额,车来得会比较及时,一般可以不使用。上车之后点击"我已上车"。如图 3-101 所示。

　　出租车到达目的地之后,在框中输入应付的车费金额,然后点击"使用支付宝付车费"按钮,转入"支付"界面。如图 3-102 所示。

　　支付宝支付提供了多种支付方式,有银行卡、支付宝余额、余额宝等,选择适合自己的支付方式之后点击"确定",接下来界面会跳转到"此次出行的账单信息",点击"完成",结束此次快的打车旅程。如图 3-103 所示。

图 3-99 支付宝钱包中的快的打车

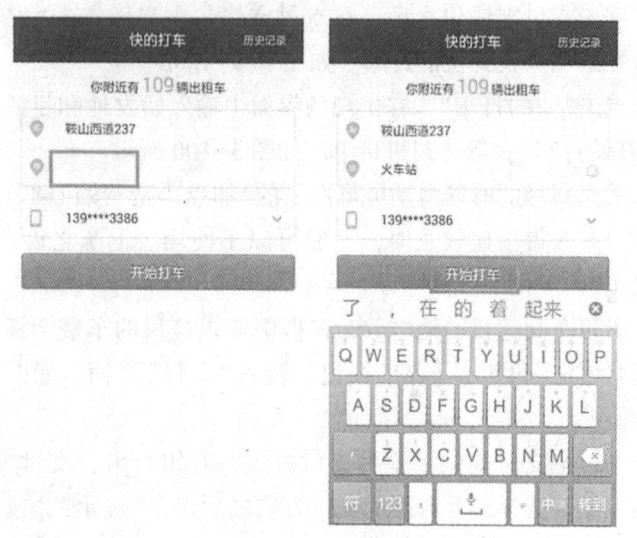

图 3-100 开始打车

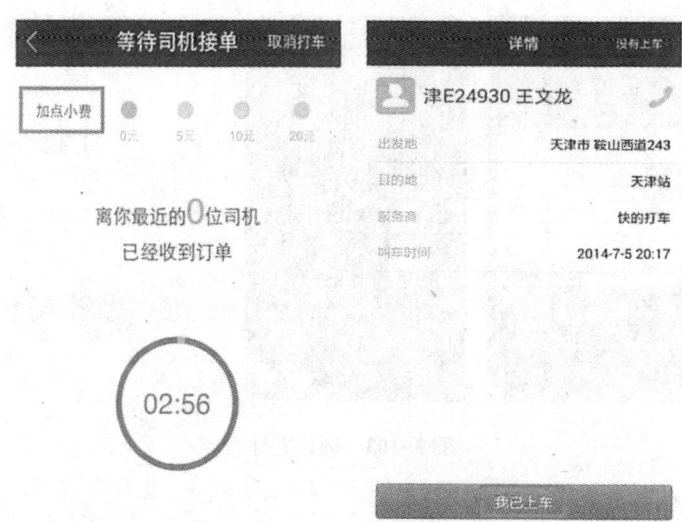

图 3-101 添加小费

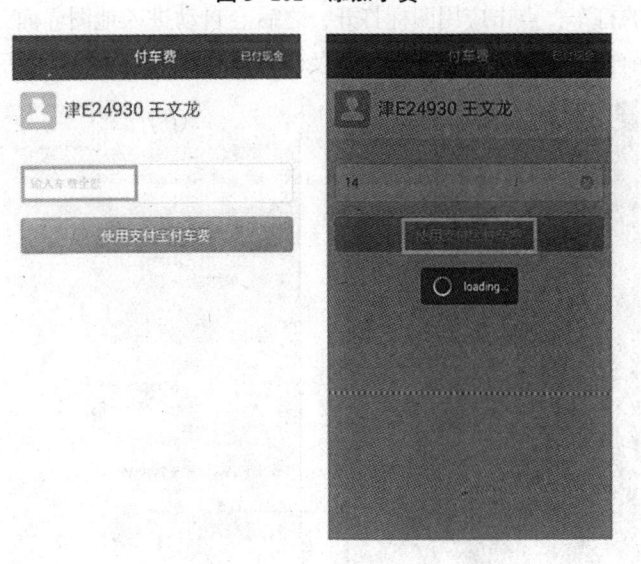

图 3-102 支付宝支付界面

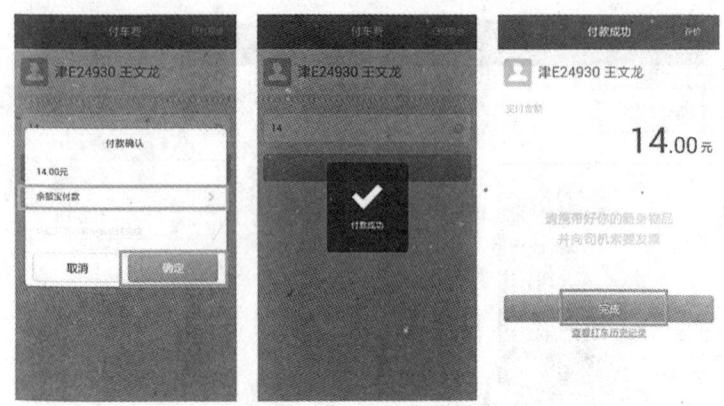

图 3-103　确认支付

(二)快的打车之首次登录

下面介绍快的打车作为独立 APP 的使用方法。在主屏幕上找到快的打车,点击应用图标打开,之后会自动进入地图界面,会显示当前你的位置和出租车的数量及位置信息,如图 3-104 所示。

图 3-104　打开快的打车

点击右上角的"一键登录",接下来填写自己的手机号码,之后点击"获取验证码"。收到验证码短信之后,在60秒内输入,并点击"确定"按钮。如图3-105所示。

图 3-105 绑定快的打车

回到主界面之后,点击左上角"目录"按钮就会出现我们的账户信息,可以查询打车记录、积分商城、通知中心及对软件进行设置等。如图3-106所示。

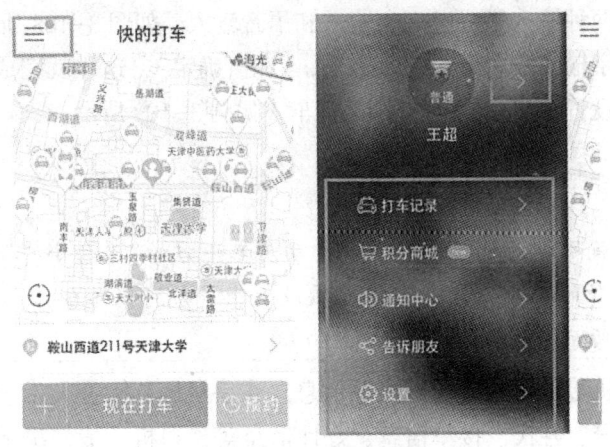

图 3-106 查询账户信息

（三）快的打车之开始打车

点击图3-110右图上方"返回"箭头，回到快的打车的主界面，修改打车起点，修改之后点击"确定"。如图3-107所示。

图3-107　设置始发点

点击"现在打车"的按钮，下一步输入目的地。现在快的打车提供了两种输入模式：文字输入和语音输入。如图3-108所示。

文字输入或者语音输入之后，点击"确定"，这样就完成了目的地的设置，然后点击"确认"打车。如图3-109所示。

> **小提示**
>
> 在高峰期的时候可以通过滑动屏幕下方的"愿付小费"按钮调节消费的金额，车会来得比较及时，一般可以不使用。如图3-110所示。

司机接单后，会弹出接单信息。在手机屏幕上会显示出司机的车牌号、姓氏、接单信息、好评信息等，司机一般情况下都会电话联系我们来确认位置，也可随时拨通司机师傅电话与之取得

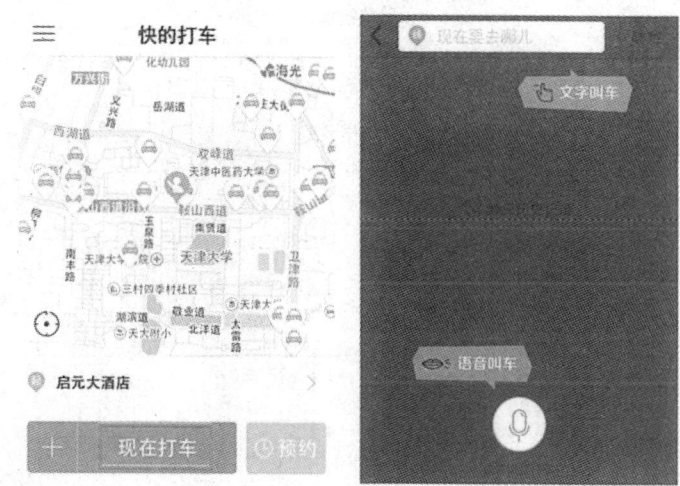

图 3-108　进入目的地输入界面

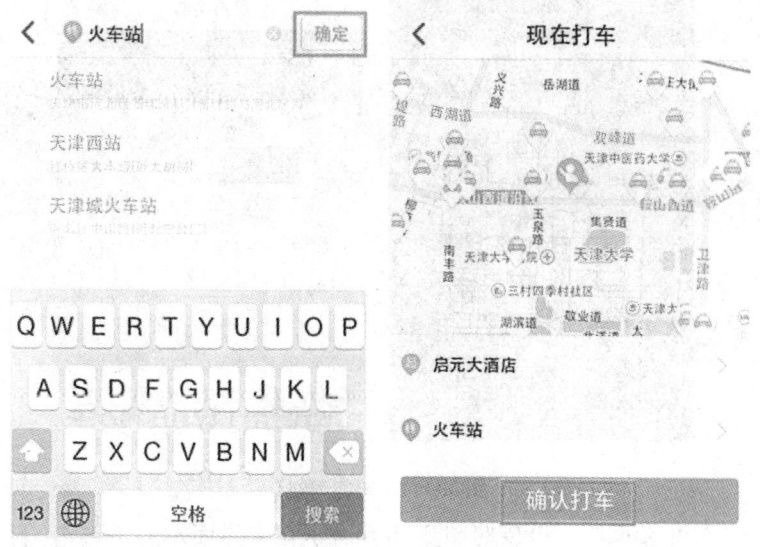

图 3-109　确认打车

联系。上车后，点击"我已上车"。如图 3-111 所示。支付过程与图 3-102，图 3-103 中相同，这里不再赘述。

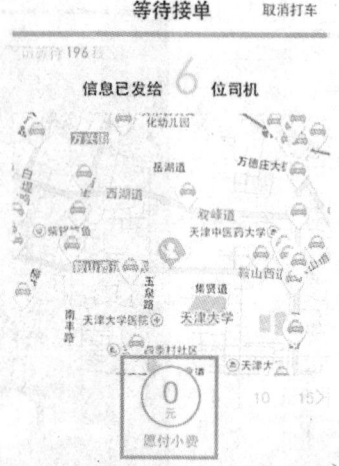

图 3-110 选择小费

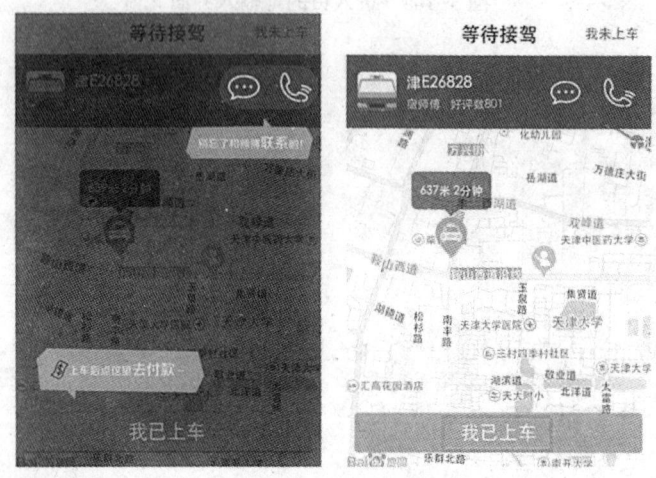

图 3-111 等待司机

打车完成后,可按照图 3-106 所示在主界面左上角点击"目录"按钮后来到个人中心,查看订单状况。如图 3-112 所示。

图 3-112　打车记录查询

(四)快的打车之预约打车

快的打车客户端同样提供了预约打车的功能,在主界面点击右下角的"预约"按钮,进入到"预约打车"的界面。如图 3-113 所示。

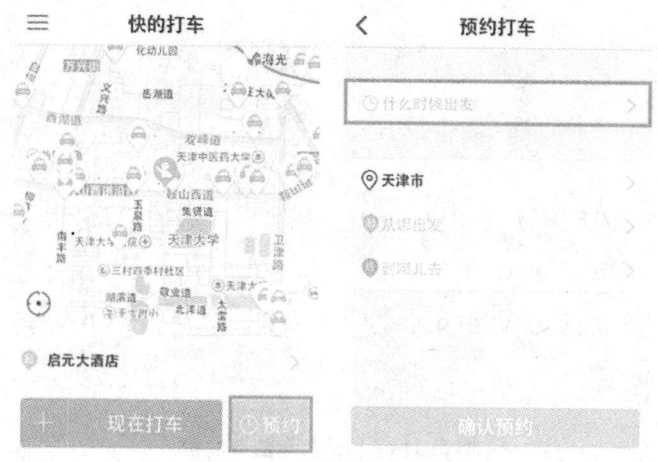

图 3-113　预约打车界面

设置预定时间,点击"确认",之后分别输入始发地和目的地，设置完毕后点击"确认"按钮，即可完成信息的发布。如图3-114所示。

图 3-114 预约打车信息发布

小提示

之后系统会向司机发布预约打车的信息,高峰时段仍然可以选择小费,然后点击"确定加价"。如图 3-115 所示。

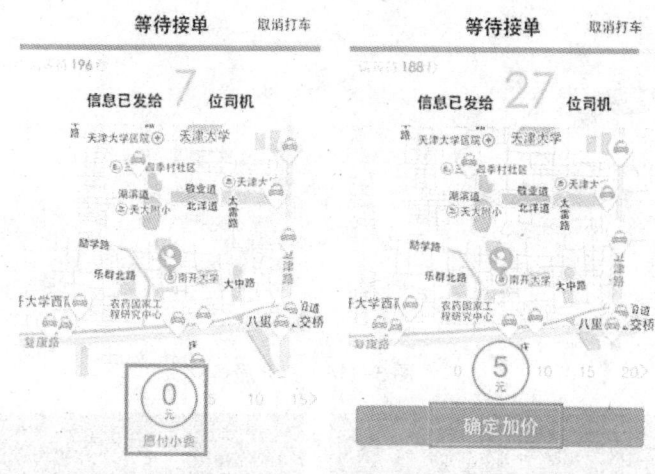

图 3-115　更改小费

三、掌上订火车票

在旅行成为人们生活中必不可少的部分之后,通过手机订火车票成为越来越多人的选择。本节详细介绍了如何通过支付宝钱包订火车票。

首先进入"支付宝钱包"的主界面,点击最下方的"服务",跳转到"服务"界面,点击右上角的"添加"。如图 3-116 所示。

在"添加服务窗"界面,点击右上角的"分类",出现服务分类的界面,在其中选择"交通旅行"这个类别。如图 3-117 所示。

在"交通旅行"里点击"支付宝 12306 公众服务",出现对这一服务的详细资料,然后点击"添加服务窗"。如图 3-118 所示。

添加服务成功后,点击"立即查看",出现支付宝 12306 公众

图 3-116 打开服务

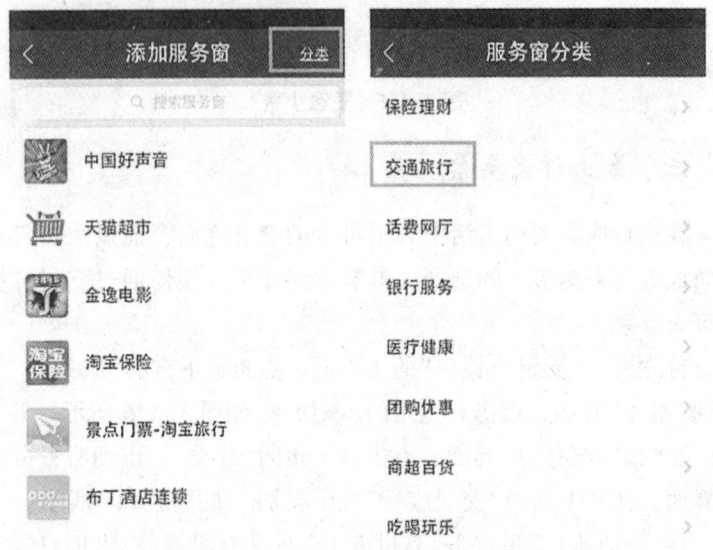

图 3-117 选择服务分类

服务的主界面，最下方有信息公告、购票贴士、车票查询和交易

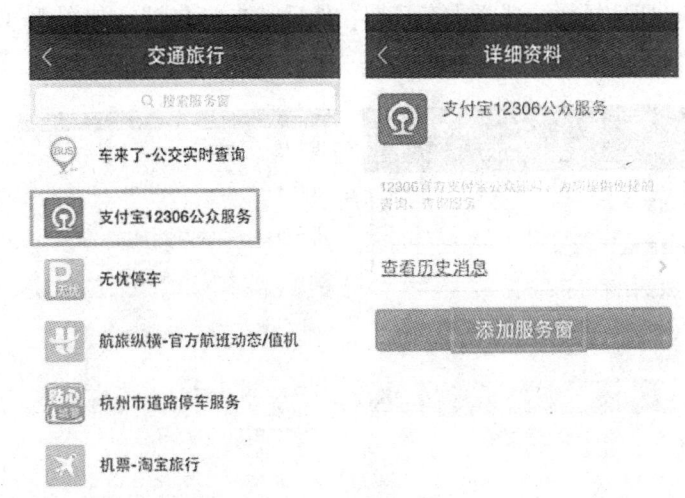

图 3-118　添加支付宝 12306 公众服务

明细 4 个选项，点击"车票查询"。如图 3-119 所示。

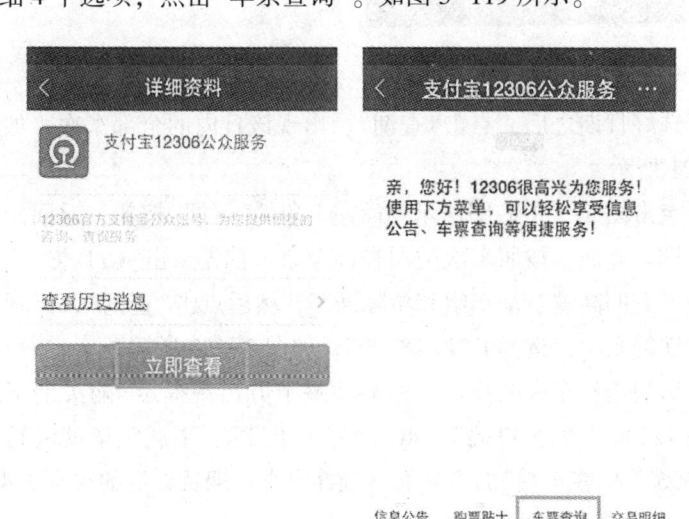

图 3-119　查看服务

先确定出发地和目的地，然后点击"出发日期"，在右图下方出现日期选择栏,选择乘车日期,然后点击"完成"。如图3-120所示。

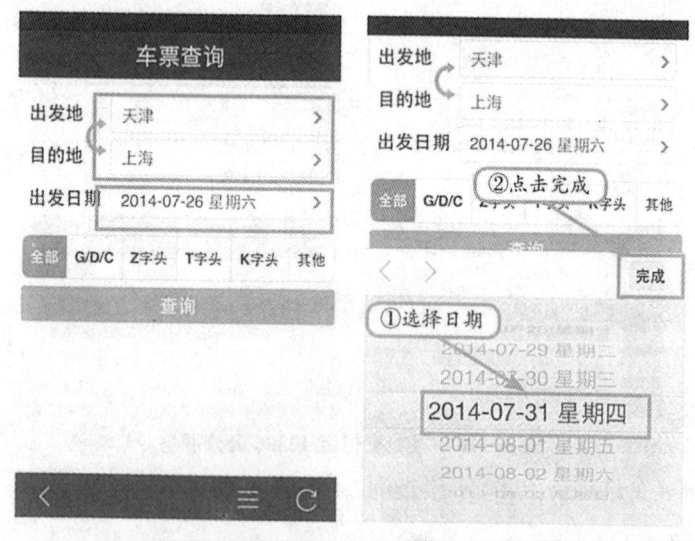

图3-120 选择日期

选好日期之后,点击"查询",出现该日内的全部车次。如图3-121所示。

点击图3-121右图所示界面左上角的"返回"按钮,返回到车票查询主界面,按照车次类型查询车票,首先点击"G/D/C",即选择所有的高铁、动车组和城际列车,然后点击"查询",出现所有高铁的车次,选择G211次列车。如图3-122所示。

出现选择车次的详情,在界面最下方出现提示"购买请下载铁路12306手机客户端",点击"马上下载",下载完毕就跳转到"12306手机客户端"的主界面。选择出发日期及查询的火车类型,点击"查询"。如图3-123所示。

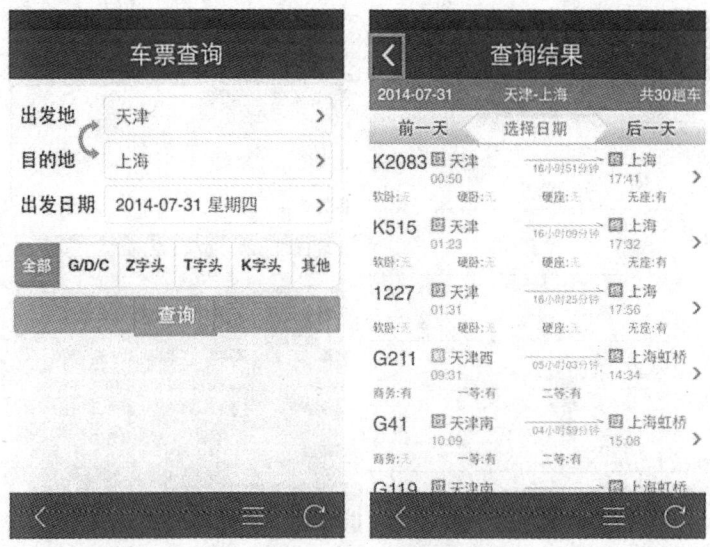

图 3-121　查询全部车次

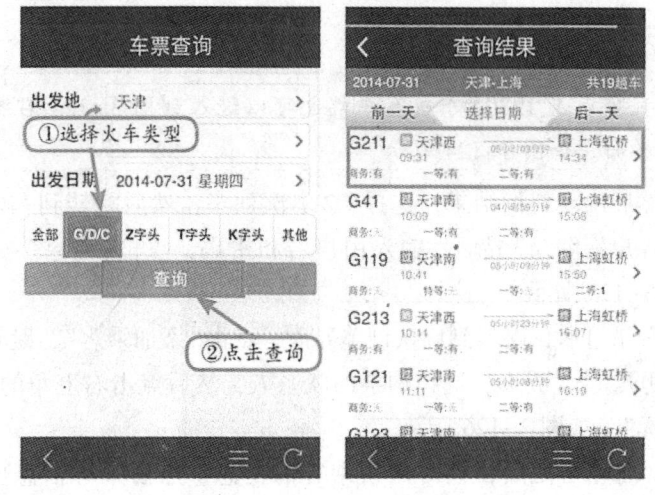

图 3-122　分类查询

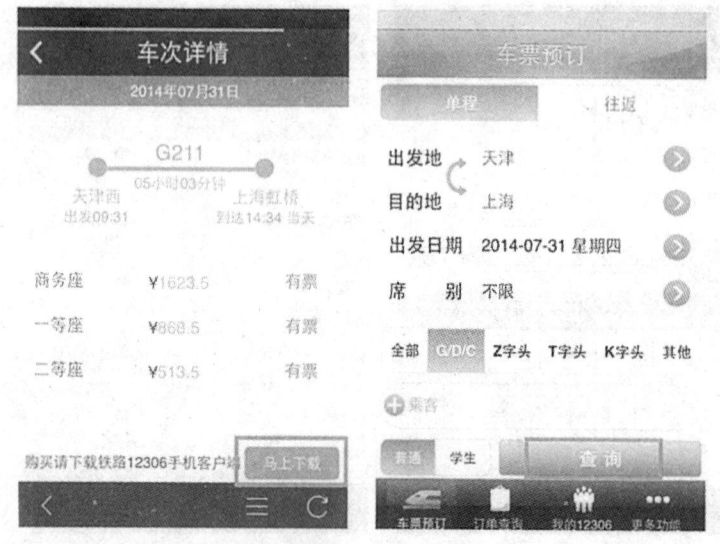

图 3-123　车次详情

> **小提示**
>
> 直接点击 12306 手机客户端也可以进入到图 3-123 右图所示的界面。如图 3-124 所示。

然后出现查询结果，选择 G211 次列车，然后跳转到"12306手机客户端登录"界面，输入用户名和密码，点击"登录"按钮。如图 3-125 所示。

登录过后，跳转到确认订单界面，点击"添加乘客"，跳转到"常用联系人"界面，选择购票的联系人，然后点击右上角的"确认选择"。如图 3-126 所示。

添加乘客之后，核对购票乘客的信息，点击乘客信息中的"学生票"，出现购票乘客类型选项，选择"成人票"，点击"完成"。如图 3-127 所示。

然后填写验证码，点击"提交订单"，出现询问是否确实要提

第三章 智能手机的互联网中的应用

图 3-124　12306 手机客户端

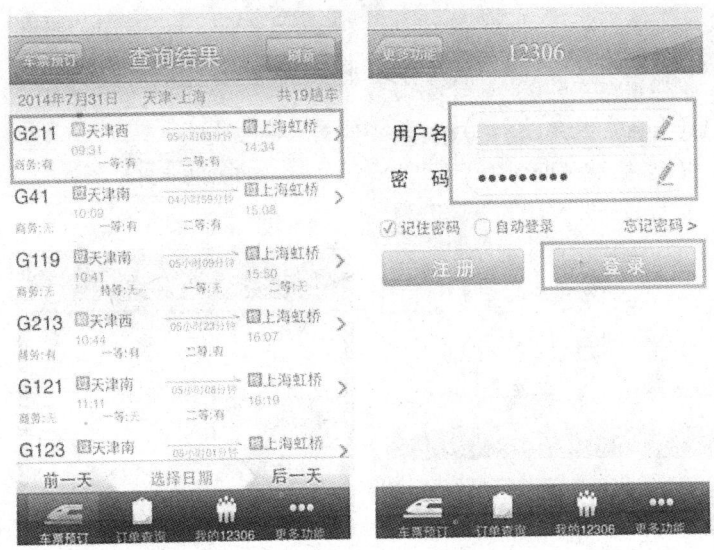

图 3-125　登录 12306 手机客户端

· 107 ·

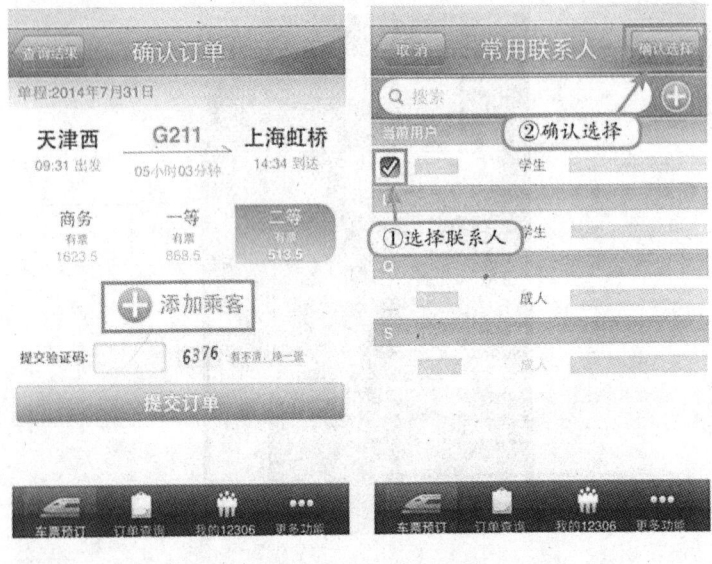

图 3-126 添加乘客

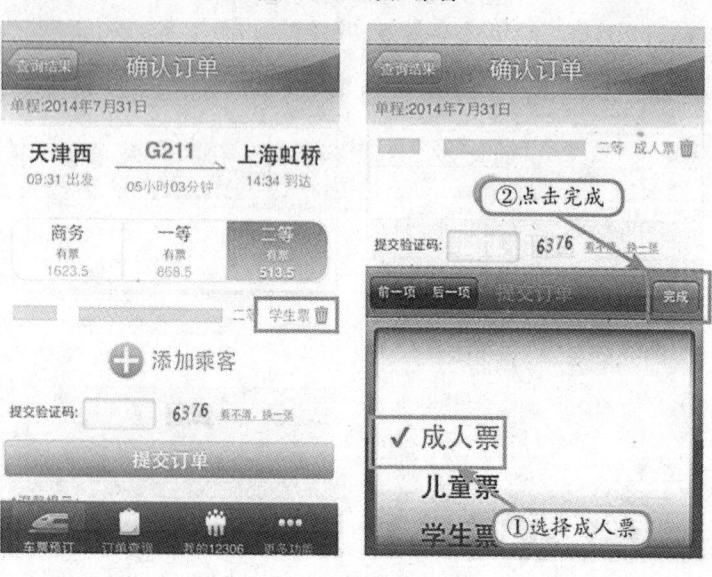

图 3-127 选择票的类型

交订单的对话框,点击"确定",提交订单成功。如图 3-128 所示。

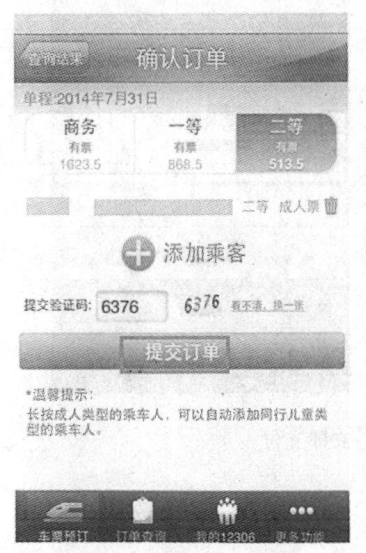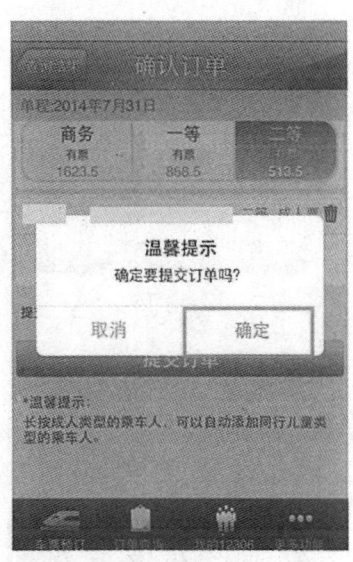

图 3-128 提交订单

订单提交之后,出现确认支付界面,点击"立即支付",然后跳出询问是否确定要支付的对话框,点击"确定"。如图 3-129 所示。

然后跳转到"支付方式选择"界面,选择支付宝支付,然后点击"提交支付"。如图 3-130 所示。

提交支付后,点击要支付的支付宝账户,默认选择使用银行卡付款,然后填写支付密码,最后点击"确认付款",购票成功。如图 3-131 所示。

四、掌上订飞机票

乘飞机出行成为越来越多人的选择,在移动互联网时代,人们可以通过智能手机随时随地订飞机票。本节详细介绍了如何通

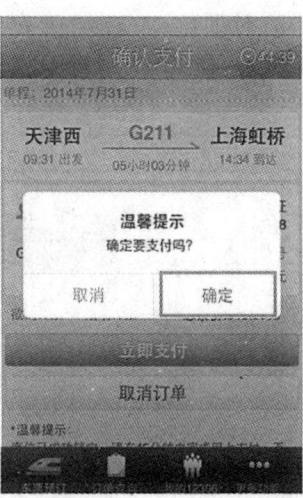

图 3-129 立即支付

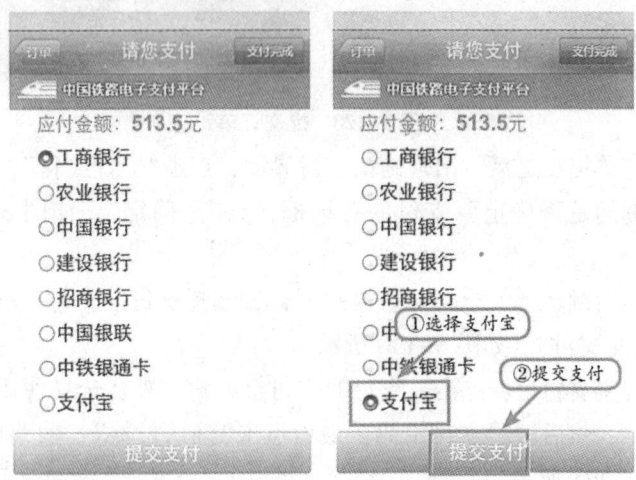

图 3-130 选择支付方式

过支付宝钱包和微信订飞机票。

(一) 支付宝钱包订飞机票

首先打开支付宝钱包手机客户端,在主界面上点击"机票",

图 3-131 确认付款

在右图出现"航班搜索"界面,输入出发地和目的地,点击"订票出行的时间"。如图 3-132 所示。

图 3-132 进入订机票界面

在日期列表中选择起飞时间,然后跳转到"航班搜索"主界面,点击"机票查询"。如图 3-133 所示。

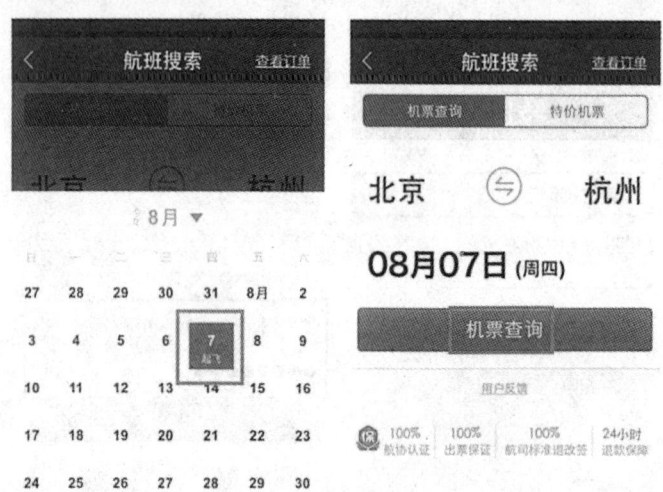

图 3-133 机票查询

然后出现该日期内所有的航班列表,默认是价格从低到高排序,点击左图所示界面中的"筛选",出现筛选条件界面,先按起飞时段筛选,选择起飞时段为"0~12点"。如图3-134所示。

图 3-134 按起飞时段筛选

然后点击"航空公司",勾选相应的航空公司,点击"确定",然后出现按所选条件筛选的航班列表,选择第一个东方航空MU5132次航班。如图3-135所示。

图3-135 按航空公司筛选

然后出现该次航班的机票代理商列表,选择"中国东方航空旗舰店",出现该代理商的详细信息,点击"立即预订"。如图3-136所示。

然后出现订单填写界面,点击左图所示界面中的"退改签及活动说明",出现退改签及活动规则的详细内容,看完之后点击右图所示界面左上角返回按钮。如图3-137所示。

回到订单填写主界面,点击"添加",然后选择登机人,点击"确定"。如图3-138所示。

登机人选择完毕,填写联系人姓名及电话,然后滑动界面到最下方,出现"去付款"按钮,点击"去付款"。如图3-139所示。

然后出现支付宝支付界面,填写正确的支付密码后,点击

图 3-136　选择机票代理商

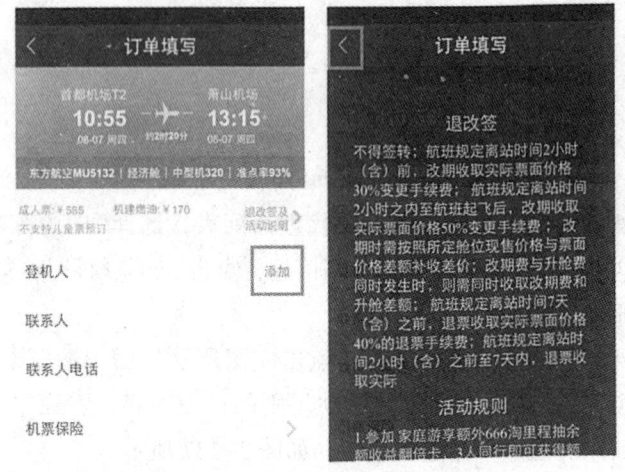

图 3-137　查看退改签及活动说明

"付款",订票成功。如图 3-140 所示。

(二)查看特价机票

支付宝钱包还有查看特价机票功能,点击"特价机票",出现

图 3-138 选择登机人

图 3-139 去付款

"特价机票"界面,点击左下角的"筛选"按钮。如图 3-141 所示。

然后出现出发城市选择界面,选择出发城市"上海",出现从

图 3-140　支付宝付款

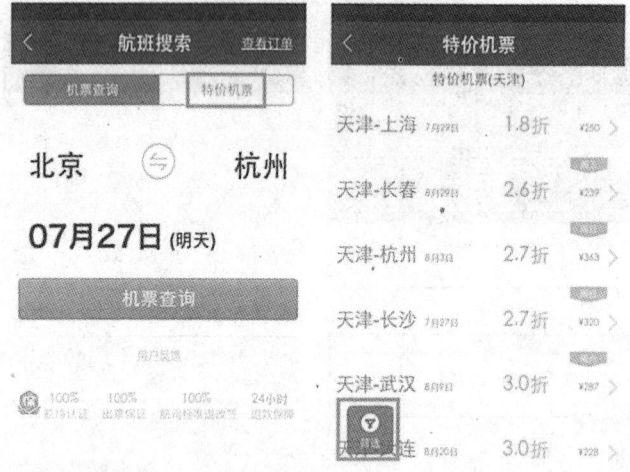

图 3-141　查看特价机票

上海出发的所有特价机票信息列表,选择"上海—南京"。如图 3-142 所示。

然后出现"上海—南京"的所有特价机票列表,选择相应航

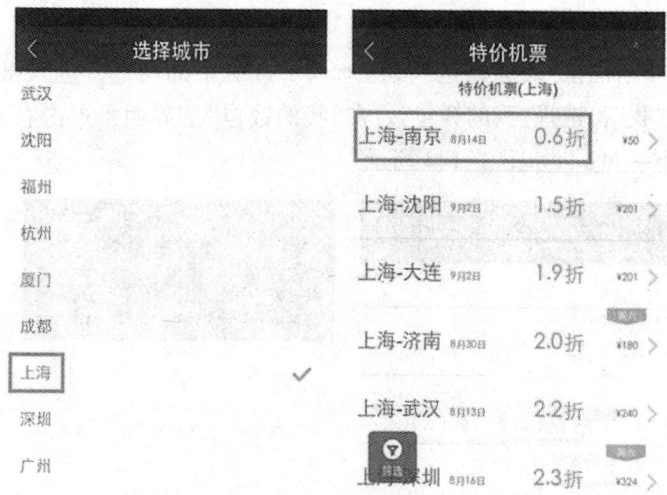

图 3-142 选择城市

班。如图 3-143 所示。然后按照图 3-134~图 3-140 中介绍的方法订飞机票，这里不再赘述。

图 3-143 特价机票列表

(三)微信订飞机票

微信也在"我的钱包"频道加入了订机票的功能,进入微信,点击"我",选择"我的钱包"。在"我的钱包"主界面,点击右下角的"下一页"。如图3-144所示。

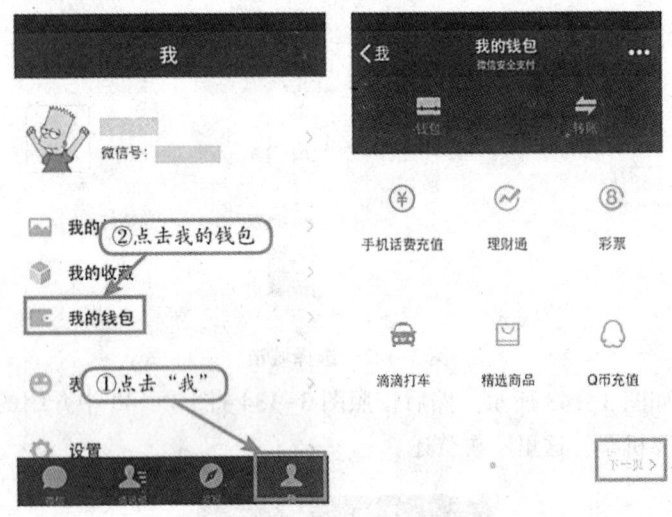

图3-144 我的钱包

然后点击"机票"图标,进入订机票主界面,填写出发城市和到达城市之后,点击"出发日期",如图3-145所示。

选择出行日期,然后点击"查询"。如图3-146所示。

然后出现所有航班列表,点击左图所示界面右下角的"筛选",出现筛选选择界面,先按起飞时间筛选。如图3-147所示。

然后点击"航空公司",选择"东方航空",点击"确认",出现满足条件的航班列表,选择东方航空MU5199次航班。如图3-148所示。

然后选择"微信专享4.5折经济舱",跳转到"填写订单"界面,点击"新增乘机人"。如图3-149所示。

填写乘机人姓名以及证件号码,点击"完成",然后在订单界

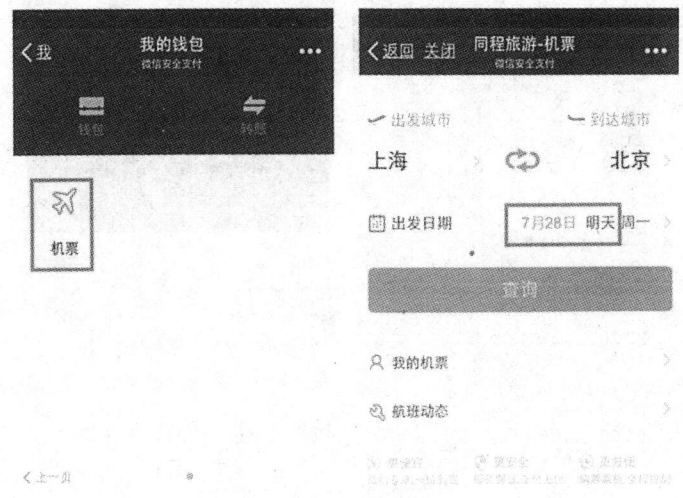

图 3-145 订机票主界面

图 3-146 选择日期

面填写联系手机,然后点击"提交订单",如图 3-150 所示。

提交订单之后出现"微信支付"界面,点击"微信支付",跳出

图 3-147　按起飞时间筛选

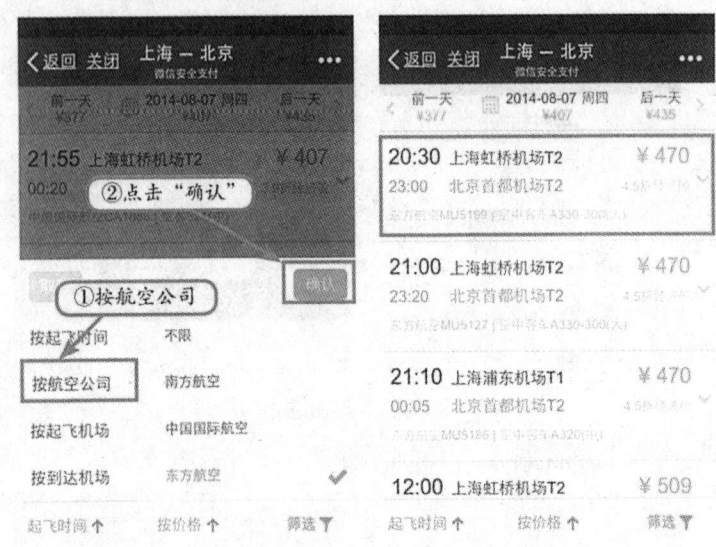

图 3-148　按航空公司筛选

选择支付方式对话框选择建设银行储蓄卡，点击"继续"。如图

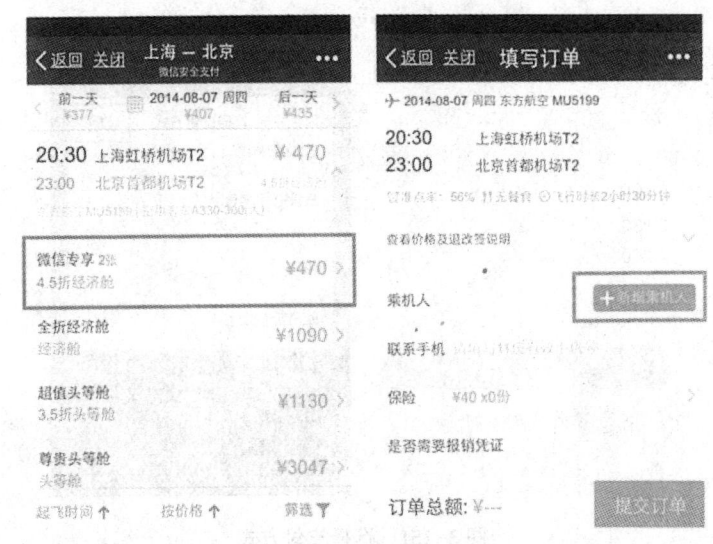

图 3-149 填写订单

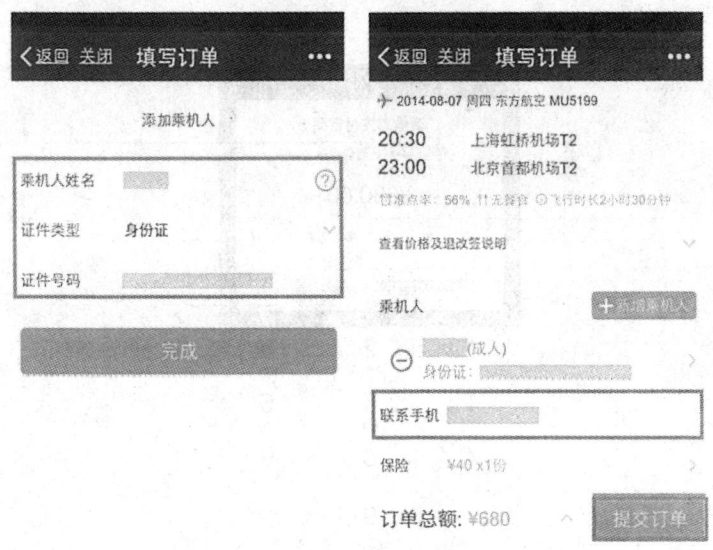

图 3-150 提交订单

3-151 所示。

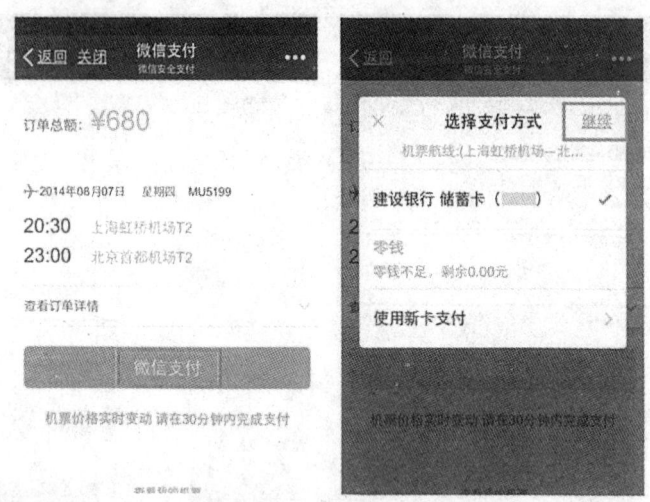

图 3-151 选择支付方式

最后输入微信支付密码，支付成功，微信订飞机票成功。如图 3-152 所示。

图 3-152 输入支付密码

第四章 手机与农业电子商务技术

第一节 手机理财

使用手机理财毕竟是刚兴起的一种理财方式,人们对此的认识有许多误区是正常的。本节介绍的是在手机理财中常见的误区,在这些误区中找到自己影子的同时,最重要的还是拨乱反正,早日走出理财误区。

一、理财应用越多越好

刚刚开始使用手机进行理财的用户总是喜欢下载大量的理财工具类 APP,甚至一个 APP 可以完成的工作,偏偏要使用几个 APP,以显示自己是手机理财达人。这是完全错误的行为,手机下载过多的 APP 会有产生很多不良后果。如图 4-1 所示。

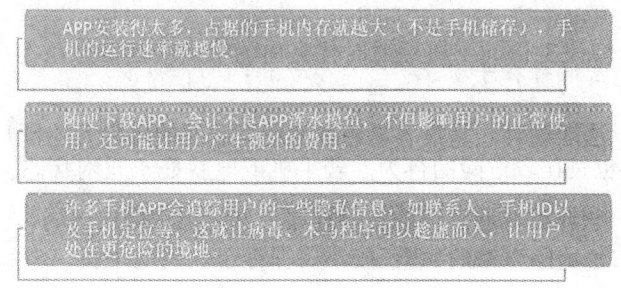

图 4-1 下载过多 APP 的不良后果

许多手机 APP 可以帮助投资者进行很多方面的理财,例如支付宝,不仅可以进行网购支付、购买理财产品,还有缴纳话费、水电费或进行彩票投注等功能。用户完全没有必要再下载专门用来缴纳水电费或彩票投注的 APP 了。

二、支付密码设置相同

移动互联网技术发展日新月异,应运而生的手机购物越来越被大众接受,相比使用电脑更为方便,逐渐成为人们的主流购物方式。由于跟"钱袋子"密切相关,在享受方便的手机购物的乐趣时,保证网上支付安全显得更加重要。但许多用户对此做得并不好,在支付的密码环节往往会有以下两种误区。

1. 密码设置相同

有些用户为了方便记忆,无论是邮箱、聊天软件,还是银行卡、支付软件都使用相同的密码,并且喜欢用生日、身份证号码等数字作为账号密码。虽然方便记忆,但这样的密码极易被"盗号者"破解,任意一次的资料泄露都极有可能导致用户所有账户失去安全保障。

因此,用户最好是为网上支付、银行卡等涉及金钱的账号设置单独的密码,使用"数字+字母+符号"组合的高安全级别的密码。如果是类似"支付宝"这种软件,有登录密码和支付密码两个密码,用户必须设置成不同的两个密码。

2. 密码存在手机上

有的用户喜欢把账号与密码保存在手机或电脑的某个文件中,这也是比较危险的行为。若手机或电脑处于联网状态,就有可能被木马等病毒软件侵害,账号密码也可能泄露。

因此,用户的账户与密码不要保存于联网的手机、电脑等设备中,对于一些不熟悉的网站,填写信息要格外谨慎。

三、手银理财夸大收益

手银理财业务是以手机银行客户端为销售渠道的理财产品,为客户随时随地购买理财产品提供便利。目前,工商银行、建设银行、民生银行、光大银行等银行都已经推出了手机银行专属理财业务。

个性化理财产品不断推出,受到"上班族"热捧,原因是这些理财产品预期年化收益率较高,超过绝大多数同期传统理财产品。如图4-2所示。

图4-2 高额收益的广告

如图4-2中的广告,许多投资者可能马上会被"19倍"这样的数字所吸引。但实际上这个19倍的收益,是将"7日年化收益率"当作年收益计算,并且与银行活期存款相对比,才能达到如此高倍数的收益。

同时,7日年化收益率只能算是个预期收益,预期高收益率并不等于实际收益率,用户在购买理财产品时还要注意产品风险和资金投资去向。

专家提醒

继数米基金在 2016 年 8 月初收到互联网金融首张罚单后，东方财富旗下天天基金也因宣传违规被要求整改。值得注意的是，互联网企业在推广中捆绑的都是低风险低收益的货币基金，而推广中呈现出来的却是较高的收益，已经涉嫌误导投资者了。

第二节 在线购物

智能手机安装了网购手机软件后，能通过网购软件直接上网采购所需物品，不用通过实物货币在线支付。我们主要介绍京东网购和淘宝网购，支付方式主要介绍采用网银支付和支付宝支付。

一、京东网购

1. 下载京东手机 APP。
2. 注册京东账号并登录。
3. 搜索要购买的商品加入购物车，生成订单。
4. 订单支付(使用网银)。

案例：

在京东商城网购一个 U 盘。

(1)下载并安装京东手机 APP。打开手机应用市场，在搜索栏搜索"京东"，下载并安装。如图 4-3 所示。

(2)注册京东账号并登录。打开"京东"，点击"我的京东"，点击"登录/注册"，若没有京东账号按照提示进行注册；若已经是京东用户，输入账号和密码进行登录。如图 4-4 所示。

(3)搜索要购买的物品并放入购物车。在搜索栏中输入关键词"U 盘"，在搜索结果中直接选择要买的物品，或者点击"筛

第四章　手机与农业电子商务技术

图4-3　下载并安装京东"

选",根据自己的要求进行筛选点击"确定",再根据筛选结果进

  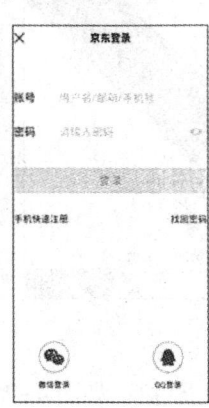

图4-4　登录/注册京东账号

行选择,点击"加入购物车"。如图4-5所示。

(4)生成订单。点击"购物车",选择商品,点击"结算",进入订单确认界面,填写地址,点击"立即下单"。如图4-6所示。

(5)支付订单(使用网银支付)。京东的订单支付有很多种,我们主要选择使用银行网银来进行支付。点击"快捷支付",将开通过网上银行的银行卡绑定支付,填写银行卡信息后,点击"绑

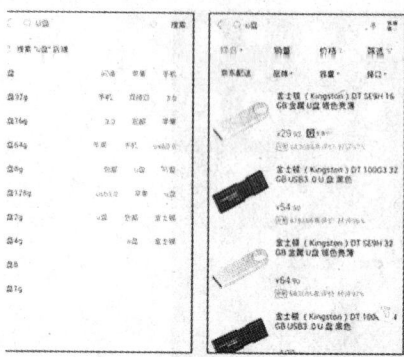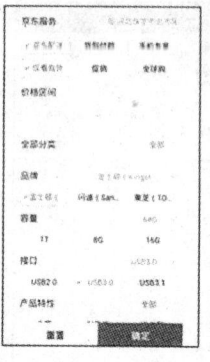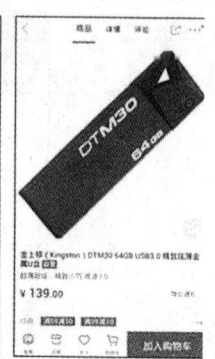

图 4-5　将购买商品加入购物车

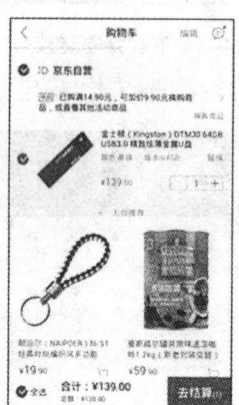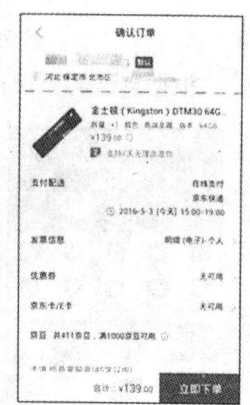

图 4-6　生成订单

定并支付"。如图 4-7 所示。

二、淘宝网购

1. 下载手机淘宝手机 APP。
2. 注册淘宝账号并登录。
3. 搜索要购买的商品加入购物车,生成订单。
4. 订单支付(使用支付宝)。

案例:在淘宝上购买 U 盘。

第四章　手机与农业电子商务技术

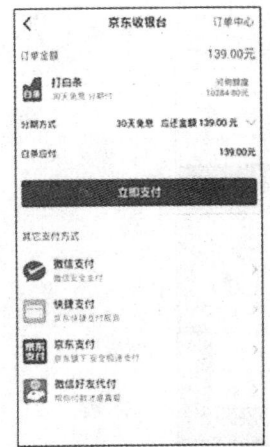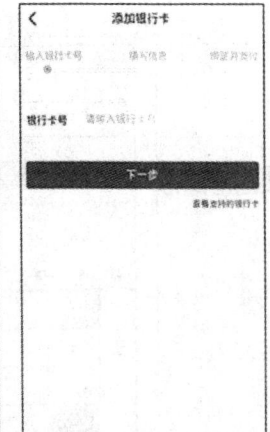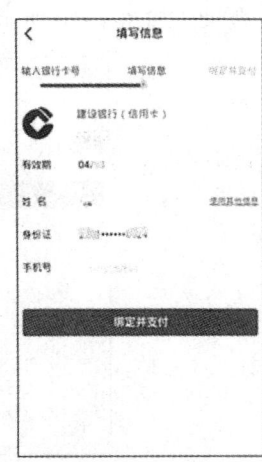

图 4-7　订单支付(使用网银)

(1)下载并安装淘宝手机 APP。在手机应用市场中搜索"淘宝",点击"下载"并安装。如图 4-8 所示。

图 4-8　"淘宝"的安装

(2)注册并登录淘宝账号。打开"淘宝",点击"我的淘宝",若没有淘宝账户,点击"免费注册",输入手机号码,按照提示来注册,如图 4-9 所示;若已经有淘宝账户,输入账号和密码点击登录。如图4-10所示。

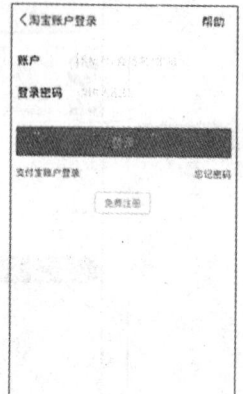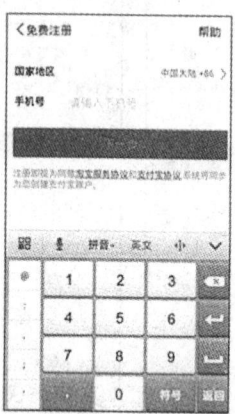

图 4-9　注册淘宝账号

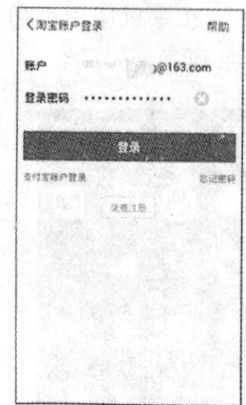

图 4-10　登录淘宝

（3）搜索购买商品。点击"首页"，在搜索栏输入"U盘"，点击"搜索"，在搜索结果中选择要购买的商品，若不需要再购买其他商品点击"立即购买"，如图4-11所示；若还需要买其他商品，点击"加入购物车"，然后继续购物，选择点击右上角的 🛒 进入购物车，选择最终要购买的商品，点击"结算"。如图4-12所示。

(4)提交订单并支付。在确认订单界面中,输入收货地址,点击"提交订单"后,进入支付宝支付界面,点击"确认付款"。如图 4-13 所示。

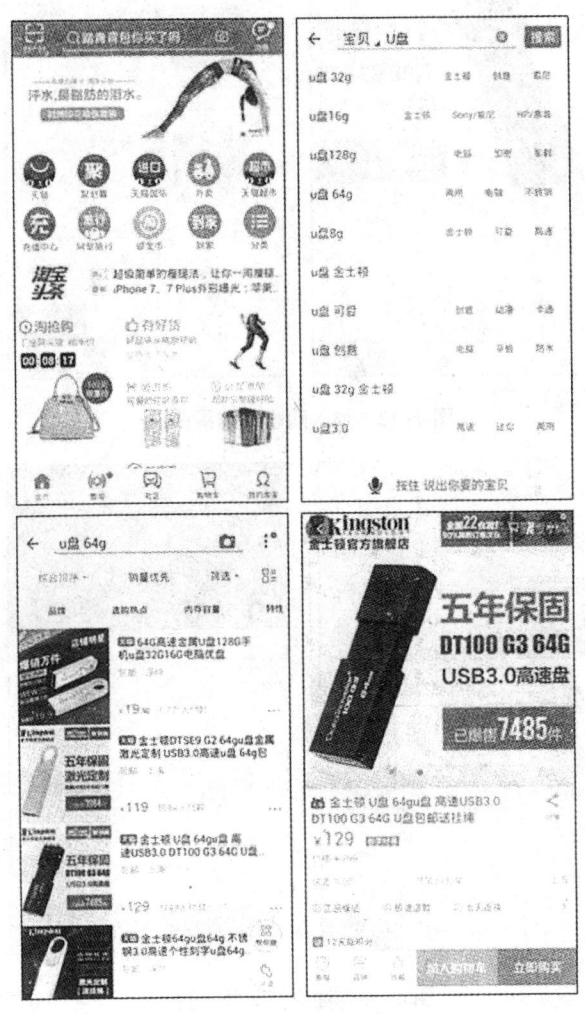

图 4-11 立即购买商品

1)下载支付宝手机 APP。打开手机应用市场,在搜索栏中搜

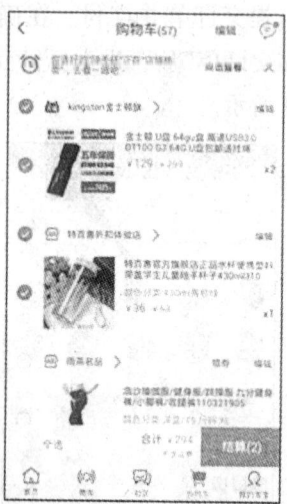

图 4-12　加入购物车购买商品

图 4-13　提交订单并支付

索"支付宝",下载并安装。如图 4-14 所示。

2)注册支付宝账号。打开"支付宝",点击任意一个按键,进

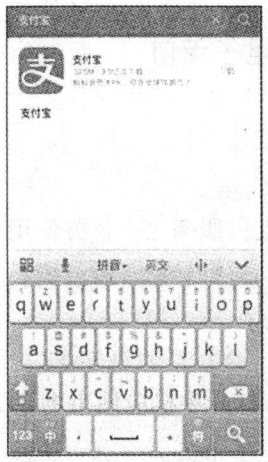 

图 4-14　下载并安装"支付宝"

入支付宝登录/注册界面。点击"没有账号？请注册"，按照步骤来进行注册。如图 4-15 所示。

  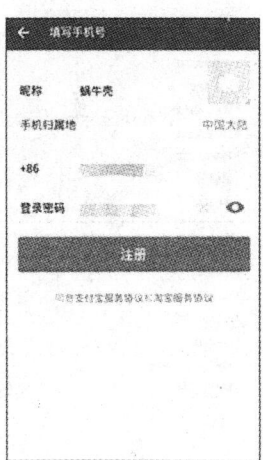

图 4-15　支付宝账号注册

第三节 电子支付

一、网上银行

网上银行是银行提供的电子支付服务之一,方便用户通过互联网享受综合性的个人银行服务,包括转账汇款、缴费支付、个人贷款等,来看看应该怎么进行操作。

(一)网上转账汇款

使用网上银行可以很方便地进行转账汇款,以中国银行为例,首先登录个人网上银行,然后点击页面左上方的"转账汇款"(图4-16)。

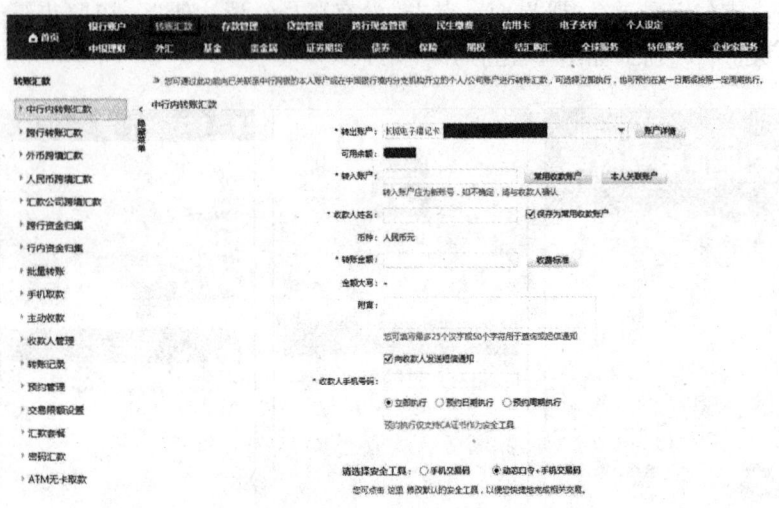

图4-16 转账汇款界面

可以看到左侧有各种各样的转账汇款,如中国银行内转账汇款、跨行转账汇款、外币跨境汇款等。

(二)网银支付

在网上进行支付过程中,常常需要通过银联在线支付收银台跳转到某家银行的网银页面,按网银界面要求输入支付信息并完成支付。

二、手机银行

手机在线支付平台,除了能够完成购物支付,还能够完成转账汇款、缴纳水电煤气费等功能,有多款第三方支付程序,例如常见的支付宝、银联手机支付等。除此之外,还有一些银行客户端程序,能够实现资金查询、转账、便民充值服务等。

以下介绍支付宝、银联手机支付以及建设银行客户端程序。

无论在计算机中或在手机中进行付款交易,都存在一定的风险,所以建议在手机中安装安全防护软件,如360安全卫士等。

(一)银联手机支付

银联手机支付平台,可绑定多个银行的信用卡或普通银行卡,并可查询绑定卡的余额,使用绑定卡进行信用卡还贷、手机充值等多种服务,但该平台暂时不提供普通银行卡之间的转账服务。

注册登录程序后,在操作前需要进行验证,即银行卡、密码和三者之间的验证,验证后即可操作银行卡的资金,该程序主界面和身份验证界面如图4-17所示。

(二)建设银行客户端

要在Android手机中使用银行服务,首先需要在银行开通"手机银行服务",并绑定一个手机号码,之后,便可以使用对应的Android客户端程序,例如建设银行手机银行。其程序图标为 。

使用手机银行,可完成查询、转账、充值缴费等服务,其程序主界面和登录验证界面如图4-18所示。

图 4-17 银联手机支付程序主界面和身份验证界面

图 4-18 主界面和登录验证界面

使用建设银行手机银行，需预先在建设银行中开通网上银行和手机银行服务。

类似的银行客户端程序，还有招商银行、交通银行、浦发银行、工商银行等，同样，需要开通对应的手机银行服务，才可以使用其 Android 客户端实现查询、转账等服务。

三、电话银行

电话银行，顾名思义，就是通过电话使用银行提供的各种服务。通过电话这种现代化的通信工具，用户不必去银行，无论何时何地,只要通过拨通电话银行的服务号码,就能够通过电话银行办理多种非现金交易。

这里选择中国银行的电话银行进行一些实际演示。

持本人有效身份证件、本人任意有效账户到所在地区中国银行网点办理电话银行签约,签约成功后即可使用中国银行95566电话银行。

在柜台开通电话银行时,需设置电话银行密码。一个客户只有一个电话银行签约密码,即同一客户下所有签约账户的电话银行密码唯一。

您可以通过电话银行自行修改电话银行密码,若您忘记电话银行密码,可持任意开通或关联电话银行的账户及开通电话银行时的有效身份证件,到柜台重置电话银行密码。

此外,拨打95566后,如果不知道某项服务应该怎么操作,选择语种及银行服务后,可以直接按"0"键转接人工服务,也可以在交易或查询的过程中,按"0"转人工服务,然后等到银行的工作人员接听您的电话,直接帮您解答疑问。

注:该菜单仅适用于中国银行,如有变动,以电话语音为主,其他银行也请根据电话提示操作。

四、微信支付

随着微信变得越来越流行,银行也开始将目光投向微信平台。借助微信开放的公众平台消息接口,国内诸多银行退出了微信银行,或者叫作微信客服号。选择使用微信银行,可以避免另外安装一个手机银行APP,从而降低手机存储空间的占用。

这里将通过中国银行在微信开通的"中国银行微银行(boce-banking)"对微信银行的操作进行演示。其他银行的微信银行操作方式类似,可以举一反三。

(一)关注微银行并绑定账户

打开手机微信客户端,在查找微信公众号一栏,输入"中国银行"进行查找,在搜索结果中选择"中国银行微银行"(图4-19)。

进入中国银行微银行公众号详细页面后,点击"关注"进入(图4-20)。

图4-19　公众号选择页面　　　　图4-20　关注页面

进入中国银行微银行的服务窗口后,先点击菜单栏中的"微金融"接着在弹出的选择项中点击"我的借记卡"(图4-21)。

此时系统会发送来一条信息,接着点击"绑定及解绑设定"(图4-22)。

图 4-21　微金融窗口　　　　图 4-22　借记卡绑定界面

这是系统提醒您，您未绑定借记卡，因此需要点击"现在绑定"(图 4-23)。

填入银行卡、取款密码、验证码以及手机校验码，点击绑定(图 4-24)。

系统提示借记卡绑定成功(图 4-25)。

现在就可以使用微信银行提供的各种服务了。

(二)功能介绍

中国银行的微信银行提供了微金融、微服务、微生活三大主菜单。

主要关注一下"我的借记卡"这一子菜单。其他菜单的内容留待您自行探索(提示：点击微服务，功能介绍，会有关于微银行功能的精美介绍)。

图 4-23 绑定系统提示　　　图 4-24 绑定界面

点击"我的借记卡",可以收到中国银行发来的消息提示(图4-26)。

可以看到主要有"绑定及解绑设置""余额明细查询""到账通知设定"等几个功能。其中"绑定及解绑设置"已经了解过了,此处不再作介绍。

a)余额明细查询

点击余额明细查询,将会跳转到中国银行微银行登录界面,输入您的"网银或手机银行用户名"和对应的"登录密码"进行登录即可(图4-27)。

成功登录后,就可以看到这张卡的余额以及最近的交易明细(图4-28)。

b)到账通知设定

图 4-25 绑定成功　　　　图 4-26 消息提示

可以设定是否开启到账提醒，如果设置打开，那么每有一笔交易发生，微银行都会发来提示。

五、支农宝

支农宝是商丘市众汇通网络科技有限公司自主研发的一款建立在手机客户端上的应用软件，它填补了我国乃至世界农业互联网领域的软件空白。该平台有农村版和城市版两个版本。农村版共有9大板块。围绕农业生产全过程，提供了包括产前（学政策、找项目、办贷款、买保险、农资及农机具采购）、产中（专家在线、技术微课堂）、产后（销售信息发布）在内的全方位专业服务，有效解决了困扰农业、农村、农民多年的技术棚架和全产业链综合信息不对称的问题。它是农业部门、金融保

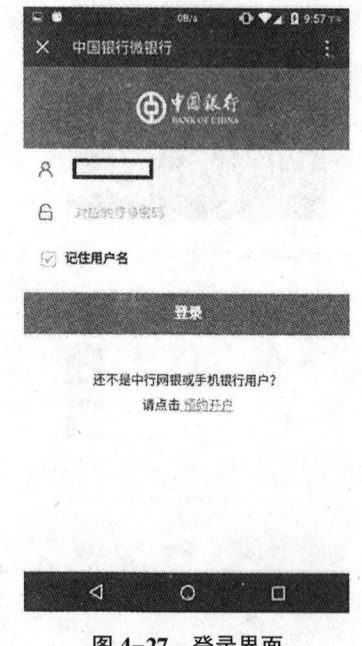
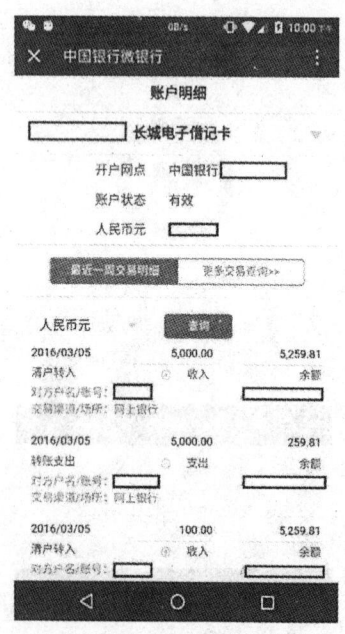

图 4-27 登录界面　　　　图 4-28 交易明细界面

险机构、新型农民与企业之间沟通的有效载体；是新型农民学习农业知识、购买农资产品、销售农副产品、办贷款买保险的最佳途径；是企业销售产品、提升品牌知名度的必备利器，是工业品下乡的高效通道。

　　城市版共有七大板块。主要解决了农产品进城、农产品安全追溯、居民休闲娱乐及综合市场贸易问题，可满足都市人群对于绿色农副产品、农家乐等诸多生产、经营和消费的需求。

　　服务对象：新型职业农民、农资百货厂商、政府主管部门、金融保险机构、城乡居民消费者。

（一）农村版（图4-29）

图4-29　农村版支农宝

1. 学政策找项目；2. 办贷款买保险；3. 专家在线；4. 我要买（需求信息发布）；5. 我要卖（销售信息发布）；6. 逛商城（厂商商品销售）；7. 赶大集（个人商品销售）；8. 智能免费通话系统；9. 消息通知

（二）城市版（图4-30）

图4-30　城市版支农宝

1. 农场直供；2. 逛商场；3. 跳蚤市场；4. 免费电话；5. 活动专区；6. 追溯系统；7."农家乐"

六、第三方支付

在国内,大多数情况下,谈到支付就离不开银行,无论是付款、转账,很多情况下都需要银行的参与。但随着金融、经济和技术的发展,第三方支付发展越来越快,隐隐有占据小额支付领域的趋势。

(一)第三方支付的含义

第三方,就是指除了用户、银行以外的第三者,如果没有第三方支付,用户和银行是直接进行交易,多了第三方支付以后,它就在中间起到了一定的补充和完善作用。

第三方支付本身集成了多种支付方式,其主要流程如下:

——将银行账户中的钱充值到第三方支付账户。

——在用户支付的时候通过第三方支付账户中的存款或者绑定银行卡等进行支付。

——第三方支付账户中钱提现到银行账户,部分第三方支付收取手续费。

常见的第三方支付很多,如支付宝、银联、财付通、快钱支付等,但生活中更常用的是其开发出的产品,如阿里巴巴集团创办的"支付宝",腾讯的微信事业群创办的"微信支付",手机 QQ 部门创办的"QQ 钱包"。后二者采用的是财付通的支付通道。

接下来主要介绍最常用的支付宝和微信支付。

(二)支付宝

支付宝是国内最大的第三方支付平台,全国已有近百家银行与支付宝达成合作协议。同时,支付宝还支持使用 Visa(维萨卡)或 MasterCard(万事达卡)完成境外支付,也就是说,可使用支付宝直接购买国外网站中的商品,在不久的将来,还将实现国外支付宝用户跨境购买中国网上商品。

在支持支付宝的 Android 购物平台购物,付款时,将自动开启支付宝程序完成支付。

　　登录支付宝平台中，可完成付款到其他支付宝账户、缴纳手机费、煤气费、水电费等便捷的服务，其功能主界面和话费充值界面如图 4-31 所示。

　　为手机充值时，只需要输入支付宝密码，就可以完成在线充值服务。除此之外，还可方便地将资金转入和转出支付宝，充值方式和提现到指定银行的操作界面如图 4-32 所示。

图 4-31　支付宝主界面和话费充值界面

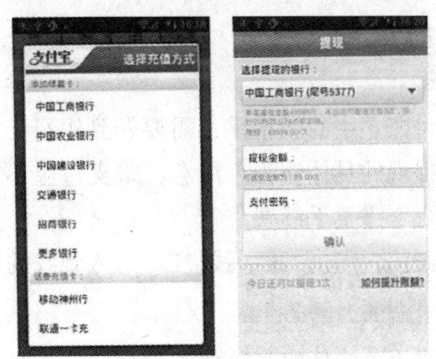

图 4-32　支付宝充值和提现到银行操作界面

　　从支付宝提现至银行，需在支付宝官方网站绑定银行账号，最多可绑定 19 个。

(三)微信支付

之前已经介绍过微信软件的使用。作为社交软件的同时,微信支付也是第三方支付手段之一。这里将对微信支付的主要功能进行介绍。

微信支付是微信提供的一种金融服务,只要有微信,经过一定的设置程序就可以使用微信支付。

1. 绑定银行卡

为借助微信支付进行消费,需要将银行卡开通快捷支付绑定到微信支付上来。开通快捷支付这部分工作需要在银行柜台完成。

2. 发红包

绑定银行卡后,就可以发红包了。在聊天界面,点击"红包"。输入红包金额和留言,完成后点击"塞钱进红包"。

选择支付的银行卡,或者从零钱支付,输入支付密码后红包就发送成功。如果对方有领取红包,系统会提示您"＊＊＊领取了你的红包"。

3. 提现

当微信支付账户中的钱很多,需要转到银行卡中时,就叫作提现。以下是提现的具体流程。注意:跟支付宝不同,目前微信支付转出到银行卡需要手续费。

手机登录微信,点击"我—钱包",进入到我的钱包界面。

4. 转账

微信支付账户之间转账是没有手续费的,而且非常方便,即时到账。对于一些小额的资金往来,使用微信支付进行转账是非常方便的。

第四节 农产品手机电商

一、农村淘宝

农村淘宝是阿里巴巴集团的战略项目。为了服务农民,创新农业,让农村变得更美好,阿里巴巴计划在3~5年内投资100亿元,建立1 000个县级服务中心和10万个村级服务站。

阿里巴巴集团将与各地政府深度合作,以电子商务平台为基础,通过搭建县村两级服务网络,充分发挥电子商务优势,突破物流、信息流的"瓶颈",实现"网货下乡"和"农产品进城"的双向流通功能。

农村淘宝,可以用"五个一"来概括:一个村庄中心点、一条专用网线、一台电脑、一个超大屏幕、一批经过培训的技术人员。

农村淘买卖流程如图4-33所示。

二、淘宝网店铺运营手机应用软件

千牛——卖家工作台。阿里巴巴集团官方出品,淘宝卖家、天猫商家均可使用。包含卖家工作台、消息中心、阿里旺旺、量子恒道、订单管理、商品管理等主要功能,目前有两个版本:电脑版和手机版。

手机管店,随时随地都能接单,实时掌握店铺动态。

不在电脑旁,手机聊天接单。手机快捷短语秒回咨询;边聊天,边推荐商品,核对订单,查看买家好评率;支持语音转文字输入。

打开手机查看一眼经营数据。经营各环节数据,做好全局配货,销售和备货工作准备;店铺分析报告,查阅数据走势,支持

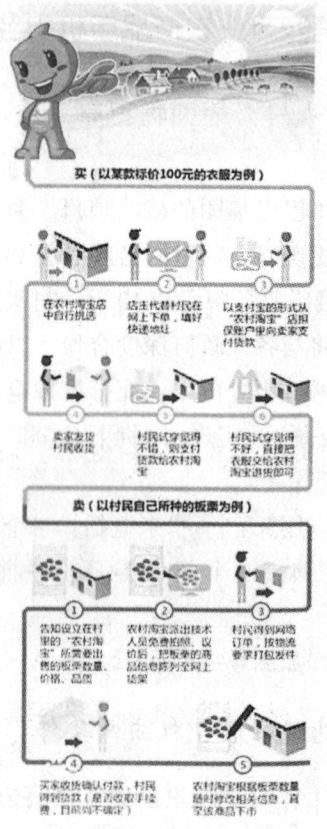

图 4-33　农村淘买卖流程

与同行对比。

　　适配的营销工具，更省心更高效。插件中心具备丰富的营销工具，内有交易、商品、数据、直通车、供销等各种插件可供选用。

　　可利用碎片时间学习规则。手机牛吧看淘宝官方动态、最新资讯；做卖点，打爆款，引流量，管店不忘每天学学秘籍与攻略；报名参加线下活动培训和交流会。

备忘录功能,轻松备忘待办工作。加星标注设提醒,不会耽误事;在外无法处理的工作,可以"@"安排同事处理。

第五节 用手机开微店

随着智能手机的广泛应用和手机网络资费的下降,利用手机进行网络搜索并购买产品成为现在方便快捷的网络消费模式。本次任务就根据微信提供的微店功能对开展农产品网站的建立和维护工作做一个详细介绍。

一、农产品微商的概述

微商,英文名称 Wechat Business,是基于微信生态的社会化分销模式。它是企业或者个人基于社会化媒体开店的新型电商,从模式上来说主要分为两种:基于微信公众号的微商称为 B2C 微商,基于朋友圈开店的称为 C2C 微商。微商和淘宝一样,有天猫平台(B2C 微商)也有淘宝集市(C2C 微商)。所不同的是微商基于微信"连接一切"的能力,实现商品的社交分享、熟人推荐与朋友圈展示。从微商的流程来说,微商主要由基础完善的交易平台、营销插件、分销体系以及个人端分享推广微客 4 个流程部分组成。现在已从一件代发逐渐发展成服务行业。自己存货自己发,有等级的区分,等级越高利润越大。微商是基于微信生态、集移动与社交为一体的新型电商模式,主要分为两个环节:B2C 环节和 C2C 环节。

农特产品通过微商这种销售模式会越来越盛行,除了微商本身这种模式爆发之外,还有就是整个农产品的产业链发生了巨大的变化。从种植、生产到销售,都与以前的传统农业有所不同,这也就是我们所说的新农业。

农特微商在 2015 年下半年出现一个"井喷"式的爆发,经过两年多的发展,很多新农人看到了微商这个机会,纷纷投入到农特微商这支大军。农特产品更适合这种分享模式去销售,当一个客户知道他买的产品是如何种出来的,是如何成长的,是如何采摘的,是如何包装的等,每一个环节他都很清楚地了解,就好比是亲自种植的一样,自然有一种信任感,对产品也没有什么顾虑。这是其他渠道无法做到也无法比拟的。

(一)农特微商四种模式

1. 认领

认领模式最近几年开始盛行起来,以前 1 亩地可以产生 1 000 元的价值,但是通过这个认领模式之后,可以让它价值增长 9 倍,变成 1 万元。这是怎么做到的呢?

认领是采用主人制模式,谁认领这块地谁就是主人,这块地所有的产出都归他所有。一般采用这种模式的,都是有机绿色农产品,如有机大米、马铃薯、脐橙、香菇、蜂蜜等。认领人不需要自己去打理,统一交给农场主打理管理,认领人可以实时了解自己认领的那块地每天的情况,也可以平时交给农场主打理,到周末带朋友、家人到自己认领的土地打理,种植、浇水、施肥、采摘等,自己丰衣足食,亲身体验田园生活,感受不一样的生活。

除了可以体验之外,自己认领种植的菜或水果都在自己的监控之下,从播种到收获,整个过程一清二楚,保证了无污染、有机绿色,吃得放心,这才是最重要的。现在的人最关心的是食品安全,而去菜市场买的菜,无法保证这一点。对于很多城市人、重视健康的人来说,这种模式很有吸引力。

2. 预售

农产品最大的问题不是种植或生产,而是经常会遇到供大于求的局面,导致农户种植或生产的农产品无法销售出去,或者是亏本低价甩卖。如果能够采用预售的模式，先收钱，再种植，这样就可以很好地控制风险。而用微信正好可以做到这一点——通过朋友圈、微信公众号和社群进行预售。

预售的好处：

(1)市场反馈。通过预售，我们可以知道产品的市场反馈，可以了解客户对这个产品的认可程度、需求情况，以便在种植和生产初期做出反应，适当调整，满足客户的需求。

(2)用户数据。预售的时候需要收集每个客户的资料，如姓名、手机号、地址、职业等信息。有了这个数据，我们就可以了解产品的客户是谁，用户在哪里。这个很重要，以前，我们的产品卖给谁，谁吃了，根本不知道，但是有了预售之后，这些问题就解决了。

(3)降低风险。以前我们总是把产品种植或生产出来再推向市场，结果市场不认可，客户不买单，导致卖不出去。大多数农产品都有季节性短、保质期短的特性，如果在一定的时间内卖不出去，只能打折出售或者烂在地里或仓库。现在通过预售，就可以先收钱，客户先下单，根据客户的订单进行生产，可以说是零风险。

3. 众筹

实际上，这两年作为热度飙升的互联网金融的一个分支，众筹对很多人来说已不再陌生，但是在最传统的农业领域采用众筹的方式，尚属新鲜。

最简单的农业众筹模式就是消费者先筹集资金，让农民根据需求进行种植或生产，农产品成熟之后直接送到用户手里，这在一定程度上可以理解成农产品的预售。这种模式被业内称为订单农业——根据销量组织生产，降低农业生产的风险。

在国内，农业众筹落地还不到一年。综合性众筹平台众筹网上线以来陆续推出了一些农产品众筹项目，之后又宣布正式进军农业领域,将农业列入平台的重点发展板块,并与汇源集团、三康安食、沱沱工社等达成战略协议。

4. 会员制

会员制除了一些百货店、餐饮行业、酒店等行业可以运用之外,农业也同样适用。会员制模式与众筹、认领在形式上没什么区别,但本质上还是有很大的不同。虽然都是先付款、再享用,但是会员制在服务内容和形式上有别于其他两种。那么到底在什么情况下,我们应该用什么模式会比较好呢?会员制模式到底有什么好处呢?

一般农场,或者是农产品订购制的经济主体比较适用会员制模式,而众筹和认领相对来说范围更广一点。采用会员制的好处就是专属、定制、独享。如农庄采用会员制,每个会员5万元一年,农庄给你提供价值5万元的产品之外,你还可以随时来农场进行体验。其他客户没有这种福利,只有会员有,这是农场会员制的一种玩法;而农产品的会员制是,客户定制一年的产品,每个月给他快递产品,必须加入会员才能享用。比如说蜂蜜我们用会员制模式,农户每月快递一瓶,一年12瓶,每个月都是不同种类的蜂蜜,不同的包装,会员专属款,这样客户会有不一样的体验,不一样的感受。

二、用手机开微店的流程

1. 使用电脑打开微店的官网网站,在浏览器的地址栏输入www.weidian.com,然后回车,进入主界面如图4-34所示。

2. 使用手机的微信扫一扫功能,如图4-35所示,扫描图4-34的二维码,在手机上打开应用详情。如图4-36所示。

3. 点击腾讯应用宝安全更新,进入微店程序下载更新界面。如图4-37所示。

4. 下载完毕,直接进入打包安装程序界面。如图4-38所示。

图 4-34　打开微店官方网站

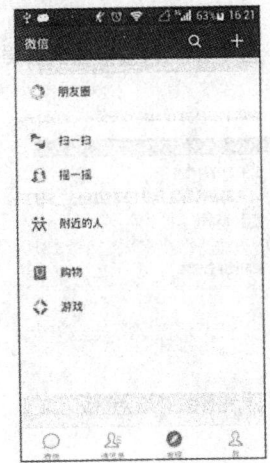

图 4-35　微信扫一扫功能

图 4-36　微店应用详情

5. 点击图 4-38 的安装按钮，进入安装过程如图 4-39 所示，安装完毕出现应用程序已安装提示如图 4-40 所示，然后点击完成按钮。

6. 微店安装完毕后，在屏幕的主界面会出现微店的图标。如图 4-41 所示。

图 4-37 微店应用下载更新界面

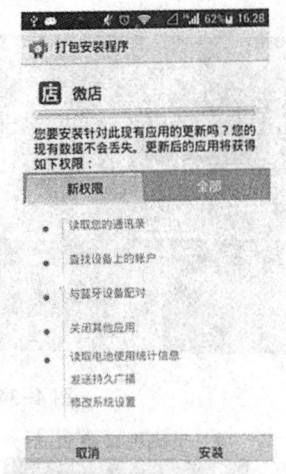
图 4-38 微店打包安装程序

图 4-39 微店正在安装界面

图 4-40 微店应用程序已安装完成界面

7. 登录微店，点击屏幕的微店图标进入微店主界面。如图 4-42 所示。

图 4-41　手机屏幕微店图标

图 4-42　微店主界面

8. 微店内容管理，在微店主界面进行内容管理是开通微店的重要步骤。

(1) 微店管理

点击图 4-42 左上角的"微店"图标，进入"微店管理"界面如图 4-43 所示。

在微店管理中可以设置微店信息、添加店长笔记、设置微信收款、对微店进行店铺装修、运费设置，开通在微信中点亮微店、加入 QQ 购物号、进行身份认证、物资认证、减库存方式、设置自动确认收货时间，设置担保交易、自动到账、货到付款、退货保障和保证金保障，对微店进行预览、设置二维码、复制微店链接以及分享。

(2) 商品管理

点击图 4-42 右上角的"商品"图标，进入"微店商品管理"界面如图 4-44 所示。

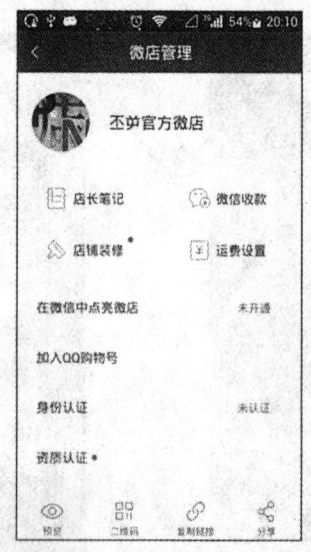

图 4-43 微店管理主界面

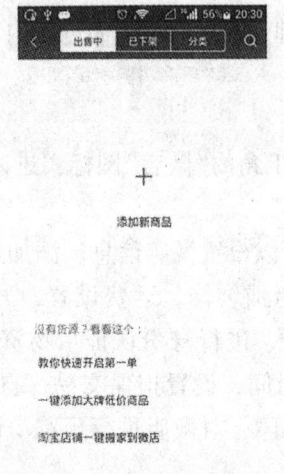

图 4-44 微店商品管理界面

在微店商品管理界面可以对出售中的商品进行添加操作、管理已下架商品。

(3) 订单管理

点击图4-42的"订单"图标,进入"微店订单管理"界面如图4-45所示。

图4-45　微店订单管理界面

可以对进行中、已完成和已关闭的订单中的状态(待发货、待付款、已发货、退款中)进行管理。

(4) 统计管理

点击图4-42的"统计"图标,进入"微店统计"界面。如图4-46所示。

在微店统计界面可以统计微店的昨日浏览、总浏览量、收藏数量、点赞数量,也可以查看访客情况、订单情况和金额情况。

(5) 客户管理

点击图4-42的左下角"客户"图标,进入"微店统计"界面。如图4-47所示。

可以查看聊天消息、客户列表以及客户的评价结果。

(6) 收入查看

图 4-46　微店统计界面

点击图 4-42 的右下角"收入"图标,进入"微店收入查看"界面。如图 4-48 所示。

图 4-47　客户管理界面

图 4-48　微店我的收入查看界面

可以查看交易中的收入、已经提现的收入，绑定银行卡进行微店收入和银行卡互转、查看收支明细。

第六节　农业在线学习

12316 是农业部在全国启用的农业系统公益服务统一专用代码。以河北省为例，河北省开通了 12316"三农"热线，接受农产品质量安全和农资打假举报投诉及农业信息服务电话咨询，开发了 12316 手机 APP，实时更新，部分栏目可以帮助用户利用智能手机进行在线学习。

一、农业知识

用户可以通过 12316 手机 APP 的农业知识栏目，学习国家和河北省农业政策、法律法规、标准等全文，经国家和河北省审定的、适宜河北省种植和养殖的农产品品种，农业行政审批事项目录和指南，作物栽培、畜禽养殖、水产养殖、育种、植物保护、农产品贮藏保鲜等农业基础知识。

二、农业技术

用户可以通过 12316 手机 APP 的农业技术栏目，学习适宜河北省的粮油棉、蔬菜瓜果、花木园艺、饲草种植、中草药、食用菌、土壤肥料、植物保护、农业机械、储藏加工、畜牧兽医、水产养殖等各类农业技术。

三、在线投诉及咨询

用户在学习农业知识和农业技术时遇到难题，或是在农业生产经营管理、农资购买使用中遇到问题，都可以通过 12316 手机 APP 咨询农业专家，农业专家可以通过手机视频实时解答，或者通过电话、文字来解答。目前,全省有 12316 农业专家 400 多名,涉及农业各个行业,遍布全省各地。

案例:

使用 12316("三农信息通")注册用户、查看农业信息、查看农业政策、咨询。

(1)下载并安装"三农信息通"。打开"手机应用市场",在搜索栏中输入"12316",点击搜索,在搜索结果中点击"三农信息通"右侧的"下载"按钮下载并安装。如图 4-49 所示。

图 4-49　下载并安装"三农信息通"

(2)设置个人信息。打开"三农信息通",点击"更多",可以根据需要来设置个人信息。如,点击游客账户,设置自己的昵称、性别、关注行业等。如图 4-50 所示。

(3)查看农业信息。打开"三农信息通"在"首页"中,可以查看各种农业信息。如图 4-51 所示。

(4)查看农业政策。点击"发现",在各分类信息中找到"政策",查看农业政策。如图 4-52 所示。

(5)咨询。点击"互动",点击"在线咨询",可以查看专家和农民的互动信息;若想自己发布咨询,点击右上角的"+",点击"发表内容",输入手机号码激活后,就可以发布自己的咨询了。如图 4-53 所示。

第四章 手机与农业电子商务技术

图 4-50 设置个人信息

图 4-51 查看农业信息

图 4-52　查看农业政策

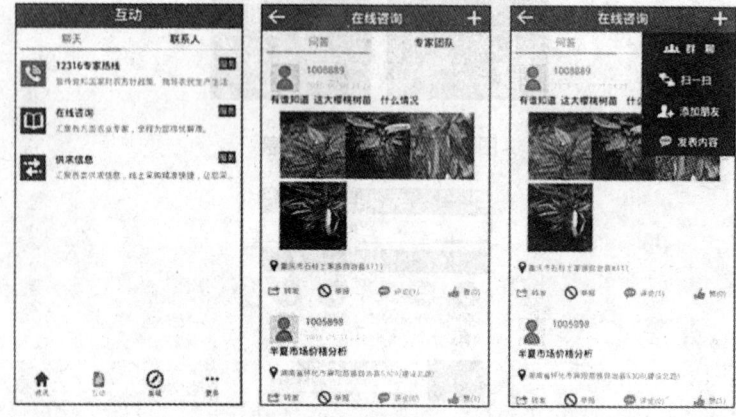

图 4-53　咨询

第七节　手机在物联网中的应用

农业物联网一般应用是将大量的传感器节点构成监控网络，通过各种传感器采集信息，以帮助农民及时发现问题，并且准确地确定发生问题的位置，这样农业将逐渐从以人力为中心、依赖于孤立机械的生产模式转向以信息和软件为中心的生产模式,从而大量使用各种自动化、智能化、远程控制的生产设备。

一、物联网的概念

物联网是新一代信息技术的重要组成部分,也是"信息化"时代的重要发展阶段。其英文名称是"Internet of Things(IoT)"。顾名思义,物联网就是物物相连的互联网。这有两层意思:其一,物联网的核心和基础仍然是互联网,是在互联网基础上延伸和扩展的网络;其二,其用户端延伸和扩展到了任何物品与物品之间,进行信息交换和通信,也就是物物相息。物联网通过智能感知、识别技术与普适计算等通信感知技术,广泛应用于网络的融合中,也因此被称为继计算机、互联网之后世界信息产业发展的第三次浪潮。物联网是互联网的应用拓展,与其说物联网是网络,不如说物联网是业务和应用。因此,应用创新是物联网发展的核心,以用户体验为核心的创新2.0是物联网发展的灵魂(图4-54)。

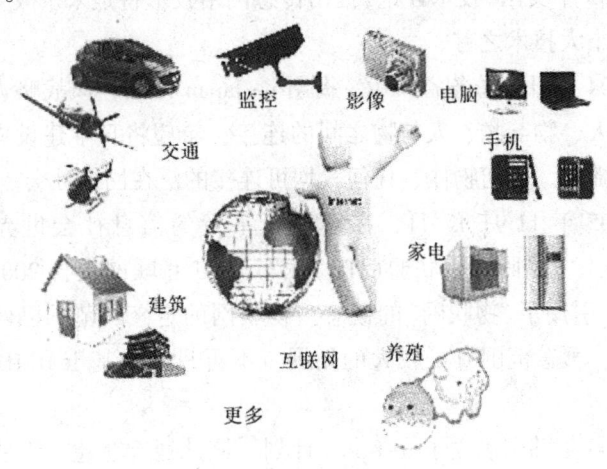

图4-54 物联网

活点定义:利用局部网络或互联网等通信技术把传感器、控制器、机器、人员和物等通过新的方式联在一起,形成人与物、物与物相联,实现信息化、远程管理控制和智能化的网络。物联网是互联网的延伸,它包括互联网及互联网上所有的资源,兼容互联网所有的应用,但物联网中所有的元素(所有的设备、资源及通信等)都是个性化和私有化。

二、物联网的起源

1991年美国麻省理工学院(MIT)的Kevin Ashton教授首次提出物联网的概念。

1995年比尔·盖茨在《未来之路》一书中也曾提及物联网,但未引起广泛重视。

1999年美国麻省理工学院建立了"自动识别中心(Auto-ID)",提出"万物皆可通过网络互联",阐明了物联网的基本含义。早期的物联网是依托射频识别(RFID)技术的物流网络,随着技术和应用的发展,物联网的内涵已经发生了较大变化。

2003年美国《技术评论》提出传感网络技术将是未来改变人们生活的十大技术之首。

2004年日本总务省(MIC)提出u-Japan计划,该战略力求实现人与人、物与物、人与物之间的连接,希望将日本建设成一个随时、随地、任何物体、任何人均可连接的泛在网络社会。

2005年11月17日,在突尼斯举行的信息社会世界峰会(WSIS)上,国际电信联盟(ITU)发布《ITU互联网报告2005:物联网》,引用了"物联网"的概念。物联网的定义和范围已经发生了变化,覆盖范围有了较大的拓展,不再只是指基于RFID技术的物联网。

2006年韩国确立了u-Korea计划,该计划旨在建立无所不在的社会(Ubiquitous Society),在民众的生活环境里建设智能型网络(如IPv6、BcN、USN)和各种新型应用(如DMB、Telematics、

RFID),让民众可以随时随地享有科技智慧服务。2009年韩国通信委员会出台了《物联网基础设施构建基本规划》,将物联网确定为新增长动力,提出到2012年实现"通过构建世界最先进的物联网基础实施,打造未来广播通信融合领域超一流信息通信技术强国"的目标。

2008年后,为了促进科技发展,寻找经济新的增长点,各国政府开始重视下一代的技术规划,将目光放在了物联网上。在中国,同年11月在北京大学举行的第二届中国移动政务研讨会"知识社会与创新2.0"提出移动技术、物联网技术的发展代表着新一代信息技术的形成,并带动了经济社会形态、创新形态的变革,推动了面向知识社会的以用户体验为核心的下一代创新(创新2.0)形态的形成,创新与发展更加关注用户、注重以人为本。而创新2.0形态的形成又进一步推动新一代信息技术的健康发展。

2009年欧盟委员会发表了欧洲物联网行动计划,描绘了物联网技术的应用前景,提出欧盟政府要加强对物联网的管理,促进物联网的发展。

2009年1月28日,奥巴马就任美国总统后,与美国工商业领袖举行了一次"圆桌会议",作为仅有的两名代表之一,IBM首席执行官彭明盛首次提出"智慧地球"这一概念,建议新政府投资新一代的智慧型基础设施。当年,美国将新能源和物联网列为振兴经济的两大重点。

2009年2月24日,2009IBM论坛上,IBM大中华区首席执行官钱大群公布了名为"智慧的地球"的最新策略。此概念一经提出,即得到美国各界的高度关注,甚至有分析认为IBM公司的这一构想极有可能上升至美国的国家战略,并在世界范围内引起轰动。

今天,"智慧地球"战略被美国人认为与当年的"信息高速公路"有许多相似之处,同样被他们认为是振兴经济、确立竞争优势的关键战略。该战略能否掀起如当年互联网革命一样的科技和经济浪潮,不仅为美国关注,更为世界所关注。

2009年8月,温家宝在"感知中国"中心的讲话把我国物联网领域的研究和应用开发推向了高潮,无锡市率先建立了"感知中国"研究中心,中国科学院、运营商以及多所大学在无锡建立了物联网研究院,无锡市江南大学还建立了全国首家实体物联网工厂学院。自温家宝提出"感知中国"以来,物联网被正式列为国家五大新兴战略性产业之一,写入"政府工作报告",物联网在中国受到了全社会极大的关注,其受关注程度是在美国、欧盟以及其他各国不可比拟的。

物联网的概念已经是一个"中国制造"的概念,它的覆盖范围与时俱进,已经超越了1999年Ashton教授和2005年ITU报告所指的范围,物联网已被贴上"中国式"标签。

截至2010年,国家发展改革委、工业与信息化部等部委正在会同有关部门,在新一代信息技术方面开展研究,以形成支持新一代信息技术的一些新政策措施,从而推动我国经济的发展。

物联网作为一个新经济增长点的战略新兴产业,具有良好的市场效益,《2014—2018年中国物联网行业应用领域市场需求与投资预测分析报告》数据表明,2010年物联网在安防、交通、电力和物流领域的市场规模分别为600亿元、300亿元、280亿元和150亿元。2011年中国物联网产业市场规模达到2 600多亿元。

三、物联网的关键技术

在物联网应用中有3项关键技术。

(一)传感器技术

这也是计算机应用中的关键技术。大家都知道,到目前为止绝大部分计算机处理的都是数字信号。自从有计算机以来就需要传感器把模拟信号转换成数字信号,计算机才能处理。

(二)RFID 标签

也是一种传感器技术,RFID 技术是融合无线射频技术和嵌入式技术为一体的综合技术,RFID 在自动识别、物品物流管理方面有着广阔的应用前景。

(三)嵌入式系统技术

是综合了计算机软硬件、传感器技术、集成电路技术、电子应用技术为一体的复杂技术。经过几十年的演变,以嵌入式系统为特征的智能终端产品随处可见;小到人们身边的 MP3,大到航天航空的卫星系统。嵌入式系统正在改变着人们的生活,推动着工业生产以及国防工业的发展。如果把物联网用人体做一个简单比喻,传感器相当于人的眼睛、鼻子、皮肤等感官,网络就是神经系统用来传递信息,嵌入式系统则是人的大脑,在接收到信息后要进行分类处理。这个例子很形象地描述了传感器、嵌入式系统在物联网中的位置与作用(图 4-55)。

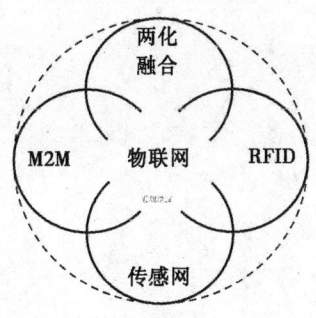

图 4-55 物联网关键领域

四、物联网应用模式

根据其实质用途可以归结为两种基本应用模式。

(一)对象的智能标签

通过 NFC、二维码、RFID 等技术标识特定的对象,用于区分对象个体，例如在生活中我们使用的各种智能卡，条码标签的基本用途就是用来获得对象的识别信息；此外，通过智能标签还可以用于获得对象物品所包含的扩展信息，例如智能卡上的金额余额、二维码中所包含的网址和名称等。

（二）对象的智能控制

物联网基于云计算平台和智能网络，可以依据传感器网络获取的数据进行决策，改变对象的行为进行控制和反馈。例如根据光线的强弱调整路灯的亮度、根据车辆的流量自动调整红绿灯间隔等。

第五章　安全使用智能手机

第一节　手机上网的风险

用户通过手机进行理财就避免不了使用网络服务，而手机一旦连网，就会产生一些特有的风险。一般情况下，手机上网的三大风险来源于无线网络、钓鱼网站及恶意软件。

一、无线网络盗取资料

凡是不需要密码直接接入，用户传输的数据内容都容易被黑客截获。如果您在咖啡厅、商场、酒店、机场等各种公开场所，搜索到一个无需密码的免费无线网络（Wi-Fi），最好是弃之不理，绕道而行。因为，它很可能是伪装成羊的老虎，来盗取用户的资料。

通过 Wi-Fi 钓鱼并不难，黑客可能去一些公共场所（如咖啡厅）建立一个不加密的移动热点（无线访问接入点），以"咖啡厅"这样诱惑性名称误导用户。用户如果用手机连接该热点，将导致自己手机中的重要资料被盗。

一般来说，普通用户手机上网使用的网络传输协议主要有以下两种。

（1）HTTP：超文本传送协议，该协议是加密协议。

（2）HTTPS：HTTP 的安全版，该协议则是明文的。

在公共 Wi-Fi 环境下通过 HTTP 协议访问网站，存在被盗取信息的潜在风险。据悉，HTTPS 传输要求客户端和服务器端都加密，而目前很多手机并不支持解密。而且，通过 HTTPS 上网速度很慢，且网络资源消耗却很大。

众多用户共用一个带密码的 Wi-Fi 也并非安全，其链接基本上分为两个过程，接入"WLAN 网络"和对外链接公网，此时混入用户中的黑客同样可以"偷窥"其他人的信息。

专家提醒

无论用户外接公共 Wi-Fi 网络，还是在家里、办公室使用未加密的 Wi-Fi 网络，都可能面临安全风险。不过谈 Wi-Fi 色变也无必要，加密的 Wi-Fi 安全性较高，而运营商提供的 Wi-Fi 网络开启二层隔离功能，以减少同一 AP（热点）下的用户（黑客）通过 AP 进行相互攻击的可能性，增加了无线网络的安全性。因此，在公共地方使用无线上网，还是有密码的好。

不过有信息技术人员认为，加密的 Wi-Fi 还是比较安全，运营商的 Wi-Fi 采用的是电信运营级的网络设备，性能较普通小商家采用家庭级设备稳定。另外，通过 Portal、Web+HTTPS，动态密码等保证用户认证上网的账户安全。即便是黑客与正常用户使用同一个 Wi-Fi 网络，AP 也已开启二层隔离功能，隔离同一个 AP 下所有用户的连接，控制黑客通过 Wi-Fi 窃听和连接用户终端的行为。

当然，如果用户一定要用未加密 Wi-Fi，若已有应用是登录状态，需先退出，清除掉缓存，同时不要做任何登录账户输入密码的行为。

二、钓鱼网站诈骗钱财

不法分子通过钓鱼网站诈骗钱财，是最常见的一种上网风险。用户不能轻信淘宝旺旺、QQ 等 IM（即时通信）工具里弹出的

URL(网页地址)。因为,使用手机 WAP 浏览 URL,会直接暴露用户名和密码等信息,对用户很不安全。

交易平台类型的手机网站,如手机银行、淘宝等,最有可能被钓鱼网站利用,盗取用户信息,骗取钱财。某些网店乍一看是正常销售商品,然后通过 IM 工具跟手机用户沟通,并在 IM 里弹出 URL。看起来正常的网址实际是伪造,将用户带到假网站上交易,让用户输入账号、密码操作。

对此类风险,用户应该自己多加留意,虽然一些聊天软件在用户发送相关信息,如"转账""密码"等关键词时会提示用户存在风险。但是,通过中奖类短信或者消息弹窗方式发出的 URL,让人难以鉴别,需要用户自己谨慎处理。另外,一些手机网络安全工具也会实时识别此类网站,并提醒用户可能是恶意网站。

> **专家提醒**
>
> 业内人士建议,对于难以鉴别的 URL 链接,如果它把用户带到另一个网站,要求你登录到自己的银行或任何其他账户,千万不能轻易按其要求操作。但如果用户确实需要进行交易,最好是手动输入网址直接访问该网站。

三、恶意软件侵害手机

貌似合法的应用程序(APP),可能是源代码被恶意代码复制后的恶意软件,只不过更名为应用程序,3 分钟内就可以上传到恶意软件市场。Android 由于平台其高度开放性,成为恶意软件最大的舞台。

此前,谷歌(Google)也承认,超过九成的 Android 用户正在运行老版本的移动操作系统,它包含了严重的内核漏洞,这使黑客可以轻松地绕过防火墙,从而可以访问手机用户的数据和资源。

如今，恶意软件不仅仅是内含扣费短信或偷偷刷流量，而且已经可以进行"自我伪装"，成为貌似正常的应用程序，让用户一不留心就下载到了手机。一般来说，安装安全浏览器、知名手机安全软件等，可以保护手机上网行为。

专家提醒

一种新型的恶意软件出现在谷歌的 Android Marketplace（应用商店）上，并且隐藏在合法的 APP 背后。用户会被欺骗，从而下载恶意代码，目前已知的伪装应用有 iBook、iCartoon 等。该恶意代码的作用是发送 SMS 消息，在手机用户不知情的情况下订阅一些付费服务。

第二节 移动平台的风险

相比传统金融，手机理财的优势巨大，但随之而来的风险也更多。金融行业和移动互联网行业本身就是高风险行业，手机理财属于移动互联网与传统金融的融合与创新，其风险远比移动互联网和传统金融本身要大。此外，手机理财产业链中普遍存在的跨业经营，并非单纯的传统金融行业进入到金融领域，对金融风险和管控存在认识不足和能力不够的问题。本节将一一分析移动互联网平台中存在的金融风险，以及可能影响到行业稳定的因素。

一、信用风险

信用风险又称违约风险，是指交易对手未能履行约定契约中的义务而造成经济损失的风险。任何金融产品都是对信用的风险定价，其信用都得由组织、企业、个人，政府其中的一方来担保。例如"阿里小贷"这类无须抵押的贷款模式，一旦借款人发生违约的情况,其后果要比有担保、抵押的贷款严重。

无论当前的手机理财产品如何虚拟性及技术化,其核心还是金融,它的落脚点是金融而不是移动互联网技术。由于手机理财的核心是金融,那么它所改变的是实现金融的方式而不是金融本身。因此,手机理财产品的交易同样是对信用的风险定价。

> **专家提醒**
>
> 如果没有任何机构、个人对某一产品进行信用担保,那么无论是创新金融产品的企业还是投资者,都可能把其行为的收益归自己而把其行为风险让整个社会来承担,这就容易使得金融市场的风险越积越高。

二、系统性风险

系统性风险是指由政治、经济及社会环境等宏观因素,造成手机理财平台破产或巨额损失,而导致的整个金融系统崩溃的风险。能够对整个手机理财平台产生影响的主要因素有以下几点。

(1) 政策风险 政府的经济政策和管理措施的变化,将直接影响某一行业的发展前景,如果这种影响较大,会引起市场整体的较大波动。如美国颁发 JOBS 法案后,股权制众筹投资开始受到人们的追捧。

(2) 利率风险 这是指银行利率波动而产生的影响,假设银行存款利率高于主流的手机理财产品,那么人们会更加倾向于把资金存入银行,则手机理财平台将受到巨大打击。

(3) 购买风险 由于物价的上涨,同样金额的资金未必能买到过去同样的商品。这种物价的变化导致资金实际购买力的不确定性,称为购买力风险,或通胀风险。当通货膨胀速率大于投资理财收益时,人们将更倾向于实物投资。

以上是金融行业中常见的系统风险,而对手机理财来说,其存在的系统风险有两大特点:一是系统性风险只对整个系统或全局的功能产生影响或者破坏,并不是对单一机构或局部;二是系统性风险具备非常强的传染性,如网贷平台的风险将蔓延到第三方支付平台。

系统风险属于互联网金融企业不可控风险,企业可以分散、控制的风险只有非系统性风险。或者说,无论企业风险怎样分散、控制,其系统性风险都是保持不变的。此外,我国金融行业发展不充分,金融业开放度不够。金融牌照严格管制、行业垄断明显、利率市场化进程缓慢、存款保险制度缺失、多层次金融监管体系尚未建立等,金融市场环境不完善给互联网金融带来了诸多不确定性。

三、运营风险

许多手机理财平台的运作模式并不十分科学,主要表现在两个方面。

1. 风险评估流程不透明

客户风险评估流程不透明、缺乏标准化,难以从监管角度评估行业风险。另外,单个公司的风险评估不具备透明性,难以从行业发展的宏观角度对整体行业信贷风险进行有效监控和监管。

2. 企业竞争激化风险

手机理财平台主要的收入来源体现为服务费和管理费,服务费等都是以成交为前提的,且一般情况下为企业成交金额的一个固定比例。随着行业内部竞争的日益激烈,以及资本方对盈利和增长需求的加强,对利润增幅的要求也越来越高。

在缺乏行业监管,同时内部审核和风险控制流程目前都由企业内部自主决定的情况下,对风险的审慎态度将慢慢让位于对利润的追求。随着时间推移,业务质量会逐步恶化,同时企业经营杠杆率也会逐步增加,在面临大的宏观环境变局时,整个行业面临的系统性风险也不容忽视。

四、技术性风险

手机理财平台作为一个对公众开放的网络信息系统,不但需要对银行系统、服务与内容提供商(Content Provider/Service Provider,CP/SP)开放服务接口,还需要向用户开放公众服务。这些信息包含个人账户、密码、身份等关键信息,因此会面临各种网络攻击的风险。

移动金融平台的技术性风险主要表现在3个方面。

(1)软件的设计存在缺陷　自互联网出现以来,"黑客"就一直存在。如果手机理财客户端没有足够的防火墙和防御体系,则比较容易被病毒或者其他不良分子攻击。此外,手机硬件还容易被人为或自然灾害等外力破坏,软件和数据信息可能会被恶意复制、篡改和毁坏。

(2)伪造交易客户身份　手机理财时代突出的特点就是信息在不断变化,移动设备的硬件和软件技术是在不断发展和变化过程中的。当不法分子盗用合法身份信息、实施诈骗或其他非法活动时,是很容易逃过移动互联网的风险管控措施的。

(3)未经授权的访问　这是指黑客和病毒程序对手机银行或第三方移动支付平台的攻击,特别是一些针对普通客户的木马程序、密码记录程序等病毒不断翻新,通过盗取用户资料而直接威胁资金的安全。

专家提醒

技术性风险可以认为是"正与邪的对抗""矛与盾的较量",有技术的一方将取得胜利。因此,手机理财平台能否得到更优秀的技术人才,将成为该行业面临技术性风险大小的关键。

五、法律风险

手机理财是一种新的金融方式，而传统金融的法律法规难以适应这种基于移动互联网的金融形式，这势必造成较大的法律风险。

手机理财的创新太快，而监管模式和手段还比较落后。由于移动互联网发展迅速，移动互联网企业、通信运营商等非金融类企业纷纷进入金融领域搅局，传统金融产品加快了创新步伐，手机理财领域的新产品、新业态与新模式不断涌现，而我国对手机理财的监管还相当滞后。笔者认为，手机理财平台难以主动规避法律风险，只能依靠更加完善、合理的制度来控制法律风险。

第三节 手机银行诈骗短信

手机银行在给用户提供极大便利的同时，也带来其独有的风险。若用户常使用手机银行，很容易掉入一些诈骗短信的连环陷阱当中，让人防不胜防。

一、信用卡盗刷陷阱

钱小姐喜爱用信用卡消费。她为了方便对账，开通了余额变动的短信提醒服务。某日钱小姐收到了一条信用卡被扣款的短信，但她自己并未在这些天刷过卡，她以为是自己的信用卡被盗刷了，于是匆忙之间拨了短信上的电话，也没确定电话是否属于银行。

电话接通后，对方自称是某行信用卡客服部，客服听了钱小姐的情况对她说，可能是她的资料不小心泄露，让她听到语音提示后修改账户密码等信息。修改完密码之后，钱小姐这才恍然大悟，这肯定是诈骗电话。好在她正好在银行营业厅附近，钱小姐赶紧到营业厅将自己的信用卡冻结。

一些诈骗短信以常见的"余额提醒"的方式引诱用户拨打他们的"客服电话",如图5-1所示。一旦用户拨打该电话后,很容易被这些"客服"给说得晕头转向,糊里糊涂地泄露了自己的资料。

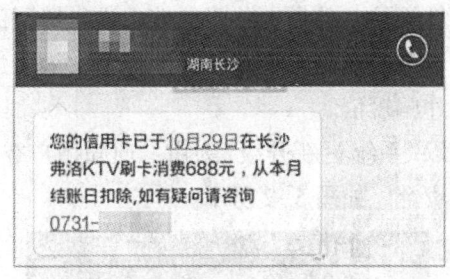

图5-1 余额提醒式诈骗短信

对于这样的情况,用户应该谨记一点,银行的客服电话都是固定的。如果接到其他号码打来的电话或发送的信息,或自称银行工作人员的陌生号码,一定拨打相应银行客服电话咨询,切勿轻信。中国各大银行的客服电话如表5-1所示。

表5-1 中国各大银行客服电话

银行	客服电话	银行	客服电话
招商银行	95555	中国银行	95566
交通银行	95559	农业银行	95599
建设银行	95533	工商银行	95588
中信银行	95558	广发银行	95508
民生银行	95568	光大银行	95595
浦发银行	95528	平安银行(深发银行)	95511
华夏银行	95577	兴业银行	95561
邮政储蓄	95580	花旗银行	800-830-1880

二、系统更新升级

孙先生收到一条尾号为95588(工行客服电话)发来的信息,内容为工行电子密码器即将作废,通知他尽快登录短信中提示的网站,进行更新维护。孙先生并未急着去进行所谓的更新,而是问了问有工行卡的朋友是否收到这样的短信,他通过多方验证得知,此短信为诈骗短信。

此类短信以"系统更新升级"为由,通知用户登录虚假网站,从而窃取用户资金。如图5-2所示。

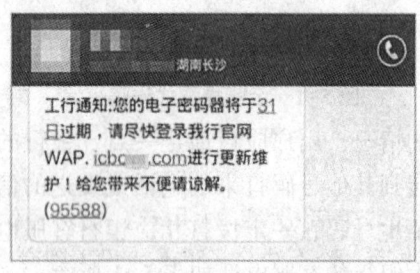

图5-2 "系统升级"类诈骗短信

其实,类似该诈骗短信中给出的网站,细心的用户就能发现是山寨的。在此,笔者提醒广大用户,登录银行的网站之前,一定要看清楚网址是否正确。中国各大银行的官方网站如表5-2所示。

表5-2 中国各大银行官方网站

银行	官方网站
招商银行	http://www.cmbchina.com/
中国银行	http://www.boc.cn/
交通银行	http://www.bankcomm.com
农业银行	http://www.abchina.com/cn/
建设银行	http://www.ccb.com/

(续表)

银行	官方网站
工商银行	http://www.icbc.com.cn/icbc/
中信银行	http://www.ecitic.com/
广发银行	http://www.cgbchina.com.cn/
民生银行	http://www.cmbc.com.cn/
光大银行	http://www.cebbank.com/
浦发银行	http://www.spdb.com.cn/
花旗银行	http://www.citibank.com.cn/
华夏银行	http://www.hxb.com.cn/
兴业银行	http://www.cib.com.cn/
邮政储蓄	http://www.psbc.com/
平安银行	http://bank.pingan.com/

专家提醒

如果用户通过360、百度等浏览器输入该网址，则会提示用户：当前页面不是银行的官方网站，此网站可能盗用或混淆其他正规网站的标识。

三、提醒用户如期还款

小吴多次收到了某银行发来的"请如期还款"的短信，这让他十分焦虑。最后经银行工作人员确认，该短信为诈骗短信。一些短信常以提示的方式诱使用户回拨电话。如图5-3所示。

对于这种短信诈骗方式，笔者提醒广大用户，切勿轻信陌生号码发来的短信通知，更不要轻易回拨陌生电话，给不法分子进一步设下圈套的机会。客户如若无法确认短信真假，可以积极向发卡银行网点详细咨询，以确认短信的真实性。

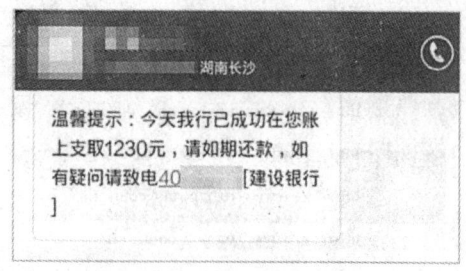

图5-3　提醒还款类诈骗短信

四、骗取汇款

相信凡是使用手机的用户，都收到过这样的短信："我是房东，我换了个号码，这次的房租打到我老公卡上，卡号、名字是××""爸妈：我没有钱用了，快汇款支援我"。

这类直接骗取汇款的短信应该是最常见的，但往往有粗心的租客、爱子心切的家长上当。看到这类诈骗短信，用户一定要谨慎行事。

专家提醒

短信诈骗门槛低，但骗术招法有限。对普通居民而言，预防短信诈骗最重要的一点就是能识别出诈骗信息。如收到此类诈骗短信或电话，要提高警惕，不要透露任何个人信息。

第四节　安全防护措施

移动支付是移动通信技术迅猛发展而新出现的一种支付渠道，同时因为电子银行软件登录了移动平台，银行转账等操作不用再专门跑到银行网点操作，大大便利了人们的生活，这也是人们对移动支付爱不释手的原因之一。

令人担忧的是，移动支付却面临着巨大的安全隐患，购物及支付类木马防范难度较大，同时，诈骗短信、手机丢失成为移动支付安全的严重威胁之一。二维码木马钓鱼诈骗和电子密码器升级诈骗等则是目前针对移动支付流行的典型网络骗术。

笔者认为，在移动支付领域里没有绝对的安全，安全是相对的，而且到目前为止，所有简单、方便的移动支付都是以牺牲安全为代价的。

一、手机和密码一定要保管好

手机理财的操作很方便，但是也存在一定的安全隐患。如果手机用户开通了手机账户，一定要妥善保管好手机和账户密码，一旦手机被盗且密码外泄，就会让不法分子有机可乘，趁机将账户内的资金全部取走，这会给用户的财产安全带来很大威胁。

现在有很多用户为了贪图方便，就直接将银行信息存入手机，或是将银行卡号或银行密码以文档形式储存在手机上。其实这样不但很容易泄露个人账户信息，而且还会引来不法分子的窥探。

另外，与传统银行柜台办理业务时需"人证合一"双重查验相比，手机支付通过姓名、卡号、身份证、手机号即可完成，一旦手机与钱包、身份证等资料一起丢失，用户的手机支付安全就将面临巨大安全隐患。

用户可通过如图5-4所示的方法保管手机和密码。

二、保持良好的手机理财习惯

如今，手机对大家的帮助越来越多，除了常规的转账、查询、理财等功能外，还为用户提供购电影票和彩票、手机充值、缴纳交通罚款以及团购等诸多生活类功能，弹指之间，理财、生活、工作都可以轻松搞定。

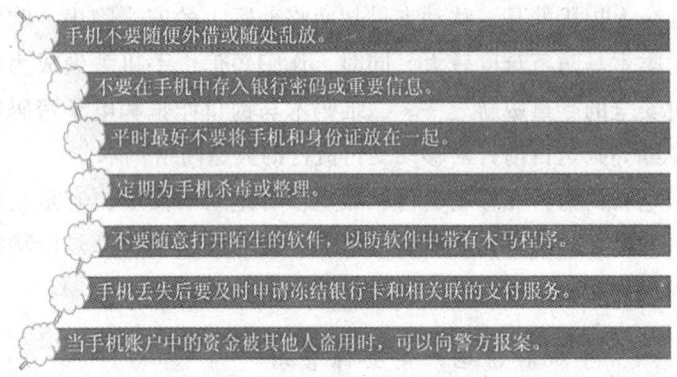

图 5-4 保管手机和密码的常用方法

但很多用户也会有这样的顾虑，万一手机丢了，那手机上的账户信息就极有可能暴露了。不过，只要用户使用习惯良好，安全问题就没有必要过多担心。

（1）有些手机银行有超时退出功能，而有的没有，针对这一点，用户要特别留心。当然，不管有没有超时退出功能，手机银行或者理财 APP 使用完毕，都应立即退出。另外，用户每次使用手机银行或者理财 APP 后，记得及时清除手机内存中临时存储的账户、密码等信息，避免信息外泄。

（2）用户在开通手机银行时，一定要使用官方发布的手机银行客户端，同时确认签约绑定的是自己的手机。

（3）用户可以根据平时每天或每周的转账金额，设立合适的额度，如果只是小额支付或充话费，可以把转账金额设定少一些。

（4）手机理财类 APP 大都配有密码防护，应尽量为支付账户设置单独的、高安全级别的密码。

（5）当用户发现手机无故停机或无法使用等情况，要第一时间向运营商查询原因，以免错过理财的时期。

（6）当用户更换了手机号时，要及时将旧手机号与网银等理财账户解除绑定；万一手机丢了，还要第一时间冻结手机理财功能，避免造成经济损失。

（7）给手机设置 PIN 密码、锁屏密码，等于在理财 APP 的外围增加了一道防护，万一手机丢了，得到的人也很难马上解锁手机。

（8）安装相关手机管家软件，开启手机防盗功能，当手机丢失后可以第一时间发指令清空手机数据，以免他人登录手机银行。

第六章 农业信息化

第一节 智慧农业

一、基本概念

所谓"智慧农业"就是充分应用现代信息技术成果,集成应用计算机与网络技术、移动互联网技术、物联网技术、音视频技术、3S技术、无线通信技术及专家智慧与知识,实现农业可视化远程诊断、远程控制、灾变预警等智能管理。

"智慧农业"是农业生产的高级阶段,是集新兴的互联网、移动互联网、云计算和物联网技术为一体,依托布置在农业生产现场的各种传感节点(环境温湿度、土壤水分、二氧化碳、图像等)和无线通信网络,实现农业生产环境的智能感知、智能预警、智能决策、智能分析、专家在线指导,为农业生产提供精准化种植、可视化管理、智能化决策支持。

"智慧农业"是云计算、传感网、3S等多种信息技术在农业中综合、全面的应用,实现更完备的信息化基础支撑、更透彻的农业信息感知、更集中的数据资源、更广泛的互联互通、更深入的智能控制、更贴心的公众服务。"智慧农业"与现代生物技术、种植技术等高新技术融合于一体,对建设世界水平农业具有重要意义。

二、系统技术特点

"智慧农业"是物联网技术在现代农业领域的应用,主要有监控功能系统、监测功能系统、实时图像与视频监控功能。

(一)监控功能系统

根据无线网络获取的植物生长环境信息,如监测土壤水分、土壤温度、空气温度、空气湿度、光照强度、植物养分含量等参数。其他参数也可以选配,如土壤中的 pH 值、电导率等。信息收集、负责接收无线传感汇聚节点发来的数据、存储、显示和数据管理,实现所有基地测试点信息的获取、管理、动态显示和分析处理以直观的图表和曲线的方式显示给用户,并根据以上各类信息的反馈对农业园区进行自动灌溉、自动降温、自动卷膜、自动进行液体肥料施肥、自动喷药等自动控制。

(二)监测功能系统

在农业园区内实现自动信息检测与控制,通过配备无线传感节点,太阳能供电系统、信息采集和信息路由设备配备无线传感传输系统,每个基点配置无线传感节点,每个无线智能控制系统传感节点可监测土壤水分、土壤温度、空气温度、空气湿度、光照强度、植物养分含量等参数。根据种植作物的需求提供各种声光报警信息和短信报警信息。

(三)实时图像与视频监控功能

农业物联网的基本概念是实现农业上作物与环境、土壤及肥力间的物物相联的关系网络,通过多维信息与多层次处理,实现农作物的最佳生长环境调理及施肥管理。但是作为管理农业生产的人员而言,仅仅数字化的物物相联并不能完全营造作物最佳生长条件。视频与图像监控为物与物之间的关联提供了更直观的表达方式。比如哪块地缺水了,在物联网单层数据上仅能看到水分数据偏低。应该灌溉到什么程度也不能死搬硬套地仅根据这一个数据来作决策。因为农业生产环境的不均匀性决定了农业信息获取上的先天性弊端,而很难从单纯的技术手段上进行突破。视频监控的引用,直观地反映了农作物生产的实时状态,引入视频图像与图像处理,既可直观反映一些作物的生长长势,也可以侧面反映出作物生长的整体状态及营养水平。该功能可以从整体上向农户提供更加科学的种植决策理论依据。

三、"智慧农业"的意义

我国是农业大国,而非农业强国。近30年来水果高产主要依靠农药、化肥的大量投入,大部分化肥和水资源没有被有效利用,导致大量养分损失并造成环境污染。我国农业生产仍然以传统生产模式为主,传统耕种只能凭经验施肥灌溉,不仅浪费大量的人力物力,也对环境保护与水土保持构成严重威胁,给农业可持续性发展带来严峻挑战。"智慧农业"针对上述问题,利用实时、动态的农业物联网信息采集系统,实现快速、多维、多尺度的果园信息实时监测,并在信息与种植专家知识系统基础上实现智能灌溉、智能施肥与智能喷药等自动控制,突破果园信息获取困难与智能化程度低等技术发展瓶颈。

目前,我国大多数水果生产主要依靠人工经验管理,缺乏系统的科学指导。设施栽培技术的发展,对于农业现代化进程具有深远的影响。设施栽培为解决我国城乡居民消费结构和农民增收,为推进农业结构调整发挥了重要作用。温室种植已在农业生产中占有重要地位。要实现高水平的设施农业生产和优化设施生物环境控制,信息获取手段是最重要的关键技术之一。作为现代信息技术三大基础(传感器技术、通信技术和计算机技术)的高度集成而形成的无线传感器网络是一种全新的信息获取和处理技术。网络由数量众多的低能源、低功耗的智能传感器节点所组成,能够协同实时监测、感知和采集各种环境或监测对象的信息,并对其进行处理,获得详尽而准确的信息,通过无线传输网络传送到基站主机以及需要这些信息的用户,同时用户也可以将指令通过网络传送到目标节点使其执行特定任务。

四、"智慧农业"的作用

"智慧农业"能够有效改善农业生态环境。"智慧农业"将农田、畜牧养殖场、水产养殖基地等生产单位和周边的生态环境视为整体,并通过对其物质交换和能量循环关系进行系统、精密运算,保障农业生产的生态环境在可承受范围内。如定量施肥不会造成土壤板结,经处理排放的畜禽粪便不会造成水和大气污染,反而能培肥地力等。

"智慧农业"能够显著提高农业生产经营效率。基于精准的农业传感器进行实时监测,利用云计算、数据挖掘等技术进行多层次分析,并将分析指令与各种控制设备进行联动完成农业生产、管理。这种智能机械代替人的农业劳作,不仅解决了农业劳动力日益紧缺的问题,而且实现了农业生产高度规模化、集约化、工厂化,提高了农业生产对自然环境风险的应对能力,使弱势的传统农业成为具有高效率的现代产业。

"智慧农业"能够彻底转变农业生产者、消费者观念和组织体系结构。完善的农业科技和电子商务网络服务体系,使农业相关人员足不出户就能够远程学习农业知识,获取各种科技和农产品供求信息。专家系统和信息化终端成为农业生产者的大脑,指导农业生产经营,改变了单纯依靠经验进行农业生产经营的模式,彻底转变了农业生产者和消费者认为传统农业落后、科技含量低的旧观念。另外,"智慧农业"阶段,农业生产经营规模越来越大,生产效益越来越高,使小农生产被市场淘汰,必将催生以大规模农业协会为主体的农业组织体系。

智慧农业谷功能构建包括特色有机农业示范区、农业科技总部园区和高端休闲体验区，是促进农业的现代化精准管理、推进耕地资源的合理高效利用的有效手段。

第二节　农业云计算

国家对于发展云计算和物联网非常重视，以下一代互联网、三网融合、物联网、云计算为代表的新一代信息技术正在成为政策重点推动的对象。2011年12月，中国电信云计算数据中心项目正式落户呼和浩特市，总投资预计达到120亿元。项目建成后，将向全社会提供云计算主机管理平台、云数据管理中心及云计算主机业务托管等相关的计算、存储及智能网络资源综合服务。发展云计算是我国信息产业赶超世界先进水平的重要机遇，也是农业、农村开展行业应用的重要机遇，同时也是发展信息农业与农业公共服务的需要。

从成功案例十分匮乏、技术和商务模式尚不成熟的初始阶段到应用案例逐渐丰富、越来越多的厂商开始介入，再到解决方案更加成熟、竞争格局基本形成，云计算的发展将大致经历市场引入、成长和成熟3个阶段，其演进时间可以追溯到20世纪90年代，它是分布式处理、并行处理和网格计算的进一步发展。

云计算被信息界公认为是第四次IT浪潮，其优势表现在以下几个方面：一是摆脱了摩尔定律的束缚，从提高服务器CPU的速度转向增加计算机的数量，从小型机走向集群计算机、分布式集群计算机，从而优化了计算机计算速度增长的方式。二是千万亿次超级计算机曙光"星云"具有大规模数据的计算能力，在新能源开发、新材料研制、自然灾害预警分析、气象预报、地质勘探和工业仿真模拟等众多领域发挥重要作用。三是具有大规模数据的存储能力，智能备份和监测使系统的稳定性大幅提高，宕机概率减少。四是以计时或计次收费的服务方式为客户提供 IT 资源,减免客户对于设备的大量采购,而且具有可伸缩的、分布式的设备扩充能力,大大节约了客户信息化建设成本。

将温室、果园、鸡舍等农业动植物生产的环境信息、生物体信息、农机设备设施信息、生产管理信息等实时地接入网络,特别是在无线条件下连接网络,可以方便地实现对动植物的管理,提高生产效益和产品质量。典型的应用有野外无线上网、移动视频诊断、无线温室监控等。担负实时监测功能的传感设备将产生海量的数据,需要更方便快捷的传输条件和更加智能的计算分析与处理能力,因此云计算对于农业物联网有着低成本、高效率的网络支持、存储支持、分析支持和服务支持的优势。

云计算将无线通信技术中的 GSM、CDMA、SCDMA 等高端通信基础所进行的通信连接,采用软件方式进行了优化,使得通信应用领域延伸到了无线视频会议系统、无线远程交互平台等。大量的多媒体数据负载及负载均衡服务器同样需要云计算的技术支撑,如农业专家远程视频诊断系统将所在地的作物图片、视频、音频、温湿度等参数上传到专家诊断平台服务器,专家通过查看农作物的病虫害样本图像,即可于千里之外进行现场诊断和指导。因此农业物联网需要农业云计算的计算支撑,需要无线宽带的通道支撑,而无线宽带应用同时又需要云计算的存储支撑和计算支撑。

根据我国农业信息化的需求搭建和应用农业云计算基础服务平台,不但能够降低农业信息化的建设成本,加快农业信息服务基础平台的建设速度,还能够极大地提升我国农信息化的服务能力。根据我国农业发展的特点,农业云计算的应用应当建设农业网站业务服务平台和无线终端农业服务平台,以实现农业农村信息资源海量存储、农产品质量安全追溯管理、农业农村信息搜索引擎、农业决策综合数据分析、农业生产过程智能监测控制和农业农村综合信息服务等功能。

第三节 农业大数据

农业大数据是融合了农业地域性、季节性、多样性、周期性等自身特征后产生的来源广泛、类型多样、结构复杂、具有潜在价值,并难以应用通常方法处理和分析的数据集合。它保留了大数据的基本特征,并使农业内部的信息流得到了延展和深化。

农业大数据是大数据理念、技术和方法在农业的实践。农业大数据涉及耕地、播种、施肥、杀虫、收割、存储、育种等各环节,是跨行业、跨专业、跨业务的数据分析与挖掘以及数据可视化。

农业大数据由结构化数据和非结构化数据构成。随着农业的发展建设和物联网的应用,非结构化数据呈现出快速增长的势头,其数量将大大超过结构化数据。

农业大数据的特性满足大数据的5个特性。一是数据量大(Volume),二是处理速度快(Velocity),三是数据类型多(Variety),四是价值大(Value),五是精确性高(Veracity)。农业大数据包括以下几种。

一是从领域来看,以农业领域为核心(涵盖种植业、林业、畜牧业等子行业),逐步拓展到相关上下游产业(饲料生产、化肥生产、农机生产、屠宰业、肉类加工业等),并整合宏观经济背景的数据,包括统计数据、进出口数据、价格数据、生产数据、气象数据等。

二是从地域来看,以国内区域数据为核心,借鉴国际农业数据作为有效参考;不仅包括全国层面数据,还应涵盖省市数据,甚至地市级数据,为精准区域研究提供基础。

三是从粒度来看,不仅应包括统计数据,还包括涉农经济主体的基本信息、投资信息、股东信息、专利信息、进出口信息、招聘信息、媒体信息、GIS坐标信息等。

四是从专业性来看,应分步实施,首先是构建农业领域的专业数据资源,其次应逐步有序规划专业的子领域数据资源,例如,针对生猪、肉鸡、蛋鸡、肉牛、奶牛、肉羊等专业监测数据。

第四节 "十三五"期间浙江省农业信息化工作重点

"十三五"期间,重点突出大数据导向,强化顶层设计、资源整合、数据共享和标准建设,逐级推进信息化与农业现代化融合发展。到2020年,全省基本建成具有视频接入、智能生产管控、产品质量追溯、农资监管执法、农业应急指挥、市场监测分析等功能的农业智慧行政监管体系;基本建立结合实际、整合资源、体现特色、方便快捷的益农信息服务体系;稳步推进农业现代化和信息化深度融合的农业物联网生产体系。

一、重点任务

一是推进"互联网+"标准体系建设。力争在"十三五"规划实施期间,初步建成全省统一的农业信息化标准规范体系。二是推进"互联网+"农业大数据建设。加强顶层设计和统筹协调,建立省级现代农业数据中心。三是推进"互联网+"农业生产。围绕农业"一区一镇"、生态循环、质量追溯建设,重点推进农业物联网示范工程,积极探索可持续发展的农业物联网应用模式。四是推进"互联网+"农业经营。充分发挥市场机制作用,引导企业充分利用电商平台、农产品大宗交易平台开展网上营销。五是推进"互联网+"农业监管。在建设农业综合行政监管平台的基础上,分批建立县级农业应急指挥中心,逐步完善农业应急指挥网络,进一步完善农产品质量追溯与诚信体系、农业生态、农业投入品、农机监理等信息化监管体系。六是推进"互联网+"农业服务。以农民信箱为载体,整合涉农信息与服务资源,建设农业综合服务平台。

二、主要建设工程

围绕建设目标,重点开展"一中心三平台五工程"建设,即一个省级智慧农业云数据中心,农业智慧监管、农业综合服务和农业政务信息发布3个平台,着力推进农业物联网示范工程、农业电商拓市工程、应急指挥系统工程、农民信箱改造提升工程、信息进村入户示范工程等五大重点建设工程。

(一)智慧农业"一中心三平台"建设

依托农业业务、政务和信息服务,开展智慧农业"一中心三平台"建设。以农业业务过程数据为基础,结合大数据分析与移动互联技术,对农业相关业务等数据的挖掘、分析和整合,探索建立农业生产经营联机预测分析体系,汇聚建立省级智慧农业云数据中心。探索建立包含基础标准、基础设施标准、信息资源标准、应用开发标准、信息安全标准及管理标准等六部分的省农业信息化地标。推动农业智慧监管平台,农业综合服务平台,农业政务信息发布平台等三大平台建设,打造种养智慧监管、服务精准到户、政务一站发布的农业信息化生态圈。

(二)农业物联网示范工程

围绕农业"一区一镇"建设,每年选择 5~10 个县,重点推进农业物联网示范工程,积极探索可持续发展的农业物联网应用模式。在温室大棚、畜禽养殖、大田生产、生态监控、仓储物流等领域,推广主流物联网技术应用,积极推广成熟使用的智能化成套农机田间作业装备,加快 RFID 电子标签、远程监控、无线传感器监测、二维码等现代信息传感技术。建设一批农业污染源监控点、智慧农业园区示范点、智慧畜牧业示范基地(场)、智慧农机装备应用示范基地、农业应急指挥监测点等,有序推进物联网示范基地和示范园区建设。

(三)应急指挥系统建设工程

与农业综合行政监管平台相结合,在建设省级应急指挥中心的基础上,分批建立县级农业应急指挥中心,逐步完善农业应急指挥网络,构建应急指挥数据并发响应机制,实现指令的快速下发、数据的准确上传和信息的交互发布。重点推进基于物联网的县级农业应急指挥中心建设,建立应急指挥大厅,配置移动应急设备,完善应急指挥网络,布设应急指挥基点,全面提升农业应急管理和决策指挥水平。

(四)农业电商拓市工程

支持农业电子商务发展,鼓励更多农业企业、合作社、返乡大学生和其他农村优秀青年从事农业电子商务,通过网店销售当地农产品。重点扶持建立区域性电子商务公共服务平台,鼓励各地依托主导产业和特色产业,抱团开展农业电子商务区域服务。引导企业充分利用现有电商公共平台、农产品大宗交易平台开展网上营销。建立季节性合同预订和时令农产品促销机制,扶持生鲜农产品网上直销。积极开拓海外市场,发展农业跨境电商。加强农业电子商务知识培训,培养一批既懂农业又懂电子商务的专业化、复合型人才队伍,为农业电子商务发展提供人才和技术保障,逐步解决理念更新、创业培训、农产品销售、O2O农村消费等难题。

(五)农民信箱改造提升工程

持续推进农民信箱系统工程建设,围绕互联网和移动互联网两个入口,不断丰富农民信箱系统功能板块。一是强化农民信箱电脑版升级改造,完善农机、畜牧等二级专业平台,突出产业技术团队和专家队伍，依托主体用户开展层次服务。二是促进掌上农民信箱功能提升，不断开发适应移动端的功能应用，实现大平台、大网络、大应用、大数据运行。

（六）信息进村入户示范工程

深化信息进村入户试点示范工程，推进现有县级益农信息服务中心标准化提升，设立服务窗口，配备信息化服务设备，制定服务制度和规范，推广应用12316"三农"服务热线全省统一平台，集成配套公益服务、培训体验、便民服务、农产品电子商务等四类服务，加快两个试点县及新增试点县村级益农信息服务站点建设。

"十三五"期间，浙江省将根据农业信息化工作的统筹规划和集约化建设要求，汇集畜牧、农机、植保等各类主要农业信息资源，纳入智慧农业"一中心三平台"管理，充分实现信息对接和数据共享，使省级智慧农业云数据中心真正成为农业的信息"大楼"。

第七章 "互联网+农业"

互联网不仅可以便利社交、生活,更能够促进生产、经营活动,为群众服务,达到增产、增收的目的。那么当现代化农业邂逅互联网,我们的生产和生活方式会发生怎样的变化呢?

简而言之,互联网和物联网的发展能够大幅度推进智慧农业的进程,引导农业科学化、现代化;能够降低农资价格,影响农资供应商、销售商和农民之间的关系;能够提供更多的金融服务,便利农业贷款,增加农业贷款规模。

第一节 互联网促进农业生产

农业生产是非常复杂的,也可以是非常便利的。不管是从事种植业、畜牧业,还是林业、渔业、副业的农民,都需要对自然条件、市场环境、科学技术等有深入的了解。传统的农业生产存在着诸多问题。

首先,农业市场信息闭塞,农产品生产前没有科学的计划、预测导致生产过剩或者不足,即影响市场,制约农业发展,影响农民的生产热情。其次,生产技术落后,对科学技术改变农业生产方式的认识不足。再次,缺乏科学管理手段、现代化程度低下对出口和内需要求了解不够,农业附加值低;而且产业发展结构不合理,产业化规模小,竞争力不强。

互联网可以在生产活动中给我们提供更多的学习机会、市场信息和现代化的生产管理手段等。

第二节 农业应用互联网

一、12316益农服务平台

益农服务平台是由农业部主导、中国电信承建的"全国信息进村入户总平台"的简称。它将云计算、物联网、3G等通信技术应用于农业，在3个方面推进农村和农牧业的信息化发展：一是推进农业生产经营信息化。如推进云计算、物联网、4G移动通信等技术在农业生产经营各环节的应用。二是推进农业服务信息化，依托全国农业系统公益服务统一专用号码12316，推动建设国家、省两级"三农"综合信息服务平台。三是推进农业电子政务。如农业资源管理、农业行业管理、农业综合执法、农产品质量安全监管、农业应急指挥等领域的信息化建设。

（一）益农服务平台介绍

益农服务平台(图7-1)是农户获取服务的第一界面，通过开展农业公益服务、便民服务、电子商务服务、培训体验服务来提升农户信息获取能力、致富增收能力、社会参与能力和自我发展能力。为农户解决农业生产和日常生活中的问题，实现小户不出村、大户不出户就可享受到便捷、经济、高效的生活信息服务。益农服务平台通过线上电脑、手机，以及线下益农信息社来实现整体联动，以完善的公益服务体系丰富的便民服务内容来推进电子商务进村落地，从而提升农民线下体验效果。

（二）益农服务平台功能介绍(图7-2)

1. 信息及资讯功能(农业资讯)

益农服务平台实时发布的国家及地方的政策信息、村务通知、农资和农产品买卖信息、生活资讯等各类益农信息，农民打

图7-1 益农服务平台

开手机即可查阅。提供最新的与农业部门或种养殖大户息息相关的本地农村政策、农业气象、农业科技、市场行情以及涉农信息等内容,让高价值农业信息快速、准确和及时地传递到千万农户中(图7-3)。

2. 商品交易(找宝贝、买农资)

益农服务平台提供网上商城代购,为农户代购生活用品及农资产品,并帮助农户售卖自家农产品(图7-4)。

3. 便民服务

益农服务平台可以提供电话费代充值、火车票/汽车票代订购、小额取现、快递收寄、购买保险、代缴水电煤气费等便民服务(图7-5)。

图 7-2 益农服务平台功能介绍

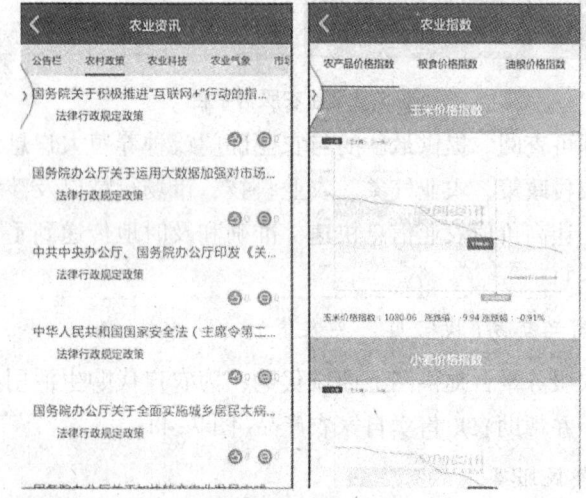

图 7-3 农业资讯界面

二、农技宝

农技宝是在农业部的指导下,由中国农业科学院和中国电信联

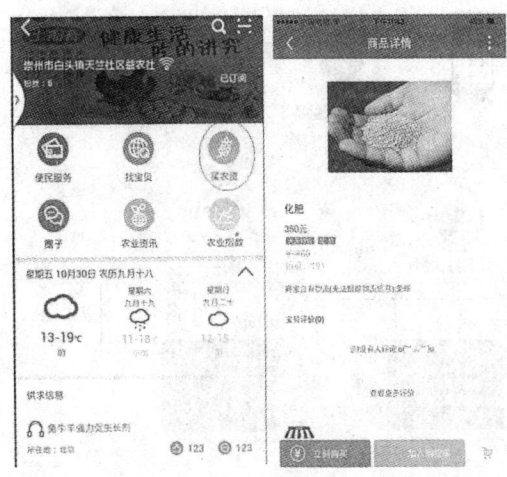

图 7-4　商品交易界面

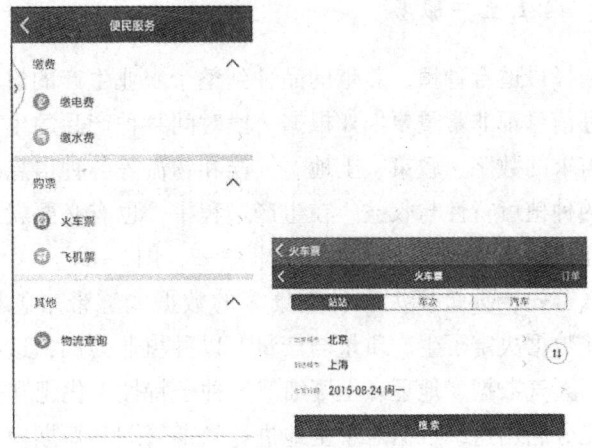

图 7-5　便民服务界面

合设计研发的一款农业信息化产品，方便管理者与农技专家之间、农技专家和农户之间快捷地实现农技推广服务管理、农户圈交流互动、农事预警、农技知识分享等应用综合信息服务(图 7-6)。

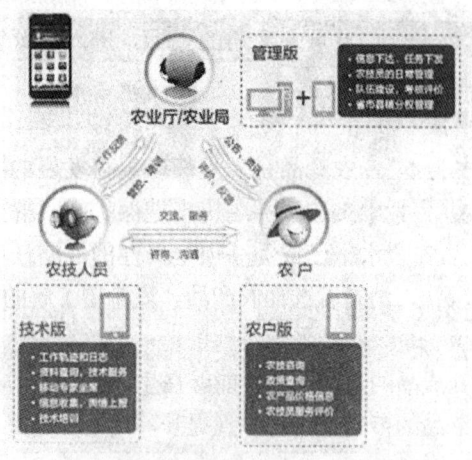

图 7-6 农技宝服务平台功能介绍

三、网上生产服务

从选择最适合种植、养殖的品种到整个农业生产的过程，获取和处理信息都非常重要。如根据一段时间某种产品的生产规模及市场需求的数字、政策、土地、气候和物流等各种信息能够预判产品的种植可行性与收益。在生产过程中，也有必要就遇到的问题，通过网络获得专业技术支持(图 7-7，图 7-8)。

那么首先，数量巨大和种类繁多的数据能够带来怎样的影响？这些数据决定了生产质量与产量。以种植业为例，这些数据可能包括天气数据、地理、土壤细节、种子特性、化肥和作物药剂等，充分利用这些数据对于土地进行长期管理和短期模拟，以实现产量和利润的最大化。农民可以从各地农业厅、局、委等部门官网获取地方农业信息，可点击 http://www.bjny.gov.cn，访问北京市农业局，在便民互动下面有农业知识库，里面可以查询农业生产相关知识。还有很多企业手机 APP 可以为农民提供生产服务，下面以新希望六和软件为例，讲述如何在养殖业中使用。

图 7-7 实时预览界面

(一)新希望六和

新希望六和公司在中国畜牧业快速发展的 30 年中发展壮大，逐步发展成为中国农牧业龙头企业。它亲历着农业转型过程中农民的困境。自主获取信息的途径、生产经营管理信息化工具和小额金融服务是农民在升级转型过程面临的三大鸿沟。新希望六和公司在为耕者谋利、为食者造福的使命召唤下，一直在一线帮助养殖户发展生产，实现产业升级(图 7-9)。

农民生产发展过程中最大的瓶颈是融资困难，没有足够的资金进行扩大生产，就会失去发展的机遇，没有资金周转，很多农民被迫离开了养猪业。"希望宝"金融为"三农"小微企业及优质农户提供低成本、高效率、安全可靠的融资渠道，同时为养殖户提

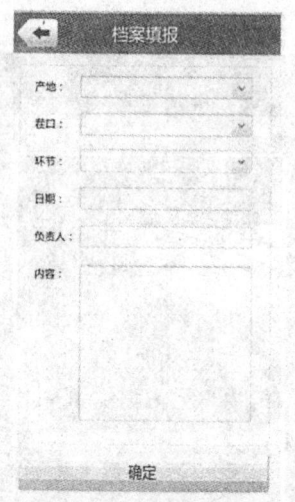

图 7-8 档案填报界面

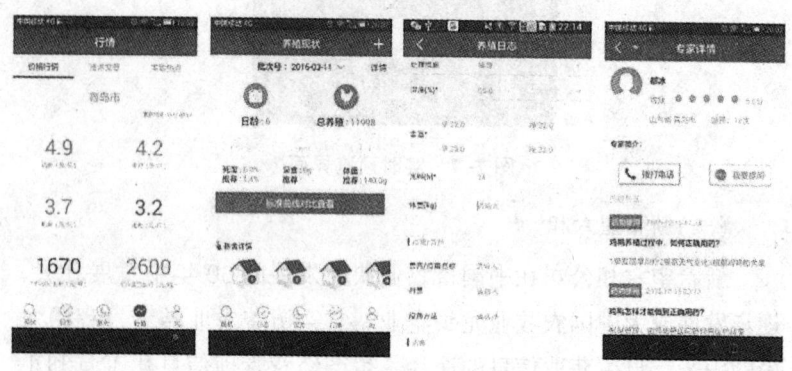

图 7-9 新希望六和功能介绍

供安全、专业、高效的理财渠道。

  移动互联网时代追求互联互通,帮助养殖户构建属于自己的生态圈,将养殖户、业务员和服务专家纳入平台化管理,搭建衔接养殖基地和生产基地的业务管理平台,支持信息记录、资料查询、数据分析、动态追踪、协作沟通功能,借助移动智能终端,加深对养殖现状、养殖数据和养殖变化的理解,提升对行业及市场的判断力、服务力和反应力,更好地帮助养殖户实现生产管理升级,为畜牧业健康生产提供帮助。

(二)猪福达项目介绍

猪福达 APP 功能主要涵盖行情、数猪、专家、我的四大模块(图 7-10)。

图 7-10 猪福达主要模块界面

"行情"功能主要包括行情部分和资讯部分,行情可以看到外三元、内三元、土杂猪、蛋白豆粕、玉米价格、猪粮以及对应的趋势信息,资讯具体包括行情、技术、政策、农资、专栏等栏目,让养殖户获取第一手的农业资讯。

"数猪"模块提供报数和查看历史日志功能,在养殖户报数后,后台可实时跟踪母猪存栏、仔猪存栏、育肥猪存栏、死淘头数、新增头数、饲料库存等信息,了解农户养殖场实时情况,提出针对性指导意见,间接提高养殖户养殖管理水平。

"专家"模块在此界面可以看到业务员、服务专家信息,包括业务代表、服务专家的姓名和单位等,养殖户可直接电话呼叫,后台服务专家实时答疑解惑。

"我的"模块是用户自定义页面,包括用户注册姓名、金币数、兑换、认证、优惠券、推荐给好友、分享、如何获得金币等功能,用户可以进行编辑、查看或更改等操作,从而进行 APP 的自定义操作。

(三)禽福达项目介绍

禽福达APP功能主要涵盖养殖现状、饲养日志、服务呼叫、行情资讯和应用工具五大功能(图7-11)。

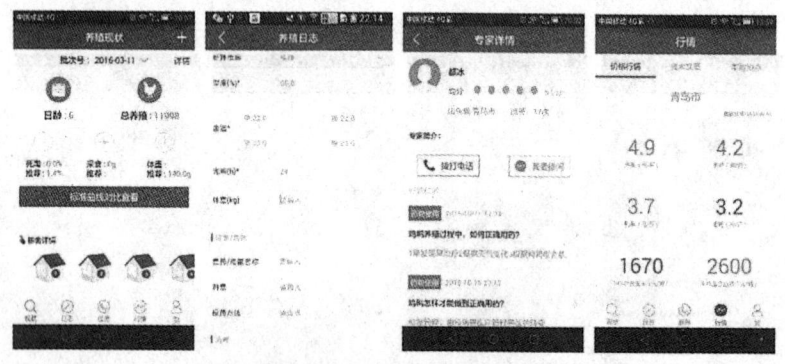

图7-11 禽福达主要功能界面

"养殖现状"搭建养殖基础信息,借助养殖数据分析与标准养殖曲线对比,检验养殖状况是否合理,指导农户科学饲养。

"饲养日志"农户养殖日志记录,包括耗料、温湿度、兽药使用和消毒信息。养殖数据透明化为食品安全可追溯奠定基础;后台实时追踪分析农户上传数据,了解农户饲养行为习惯,及时纠正饲养问题,规范养殖管理,提高养殖效率。

"呼叫服务"目前涵盖兽医和生物安全,未来会逐步完善饲料、禽舍基建、养殖管理等专家团队的体系建设。目前,农户可以线上拨打电话和提问问题两种方式向专家呼叫,后台会匹配相应的服务专家为农户答疑解惑。

"行情资讯"具体包括价格行情、技术文章、本地热点、行业资讯和经营管理,禽福达通过专业的后台维护人员及时更新养殖行情资讯,让养殖户获取第一手的价值信息。

"应用工具"提供料肉比,养殖效益和问题案例分析功能,借助禽福达的数据平台搜索养殖过程中遇到的各种问题与专业解答。

(四)希望宝项目介绍

"希望宝"为货币基金,是由工银瑞信基金管理有限公司开发的,由投资者独自完成业务操作的网上交易直销自助式前台,其业务内容目前包括基金开户、账户登记、申购、赎回、交易申请查询、基金行情查询、份额余额查询,以及利用货币基金快速过户业务,实现支付功能。可以提高效率并降低支付手续费,有效解决合作养殖户支付困难、支付成本高的问题,并能提高养殖户闲置资金的收益,同时促进公司产品的销售。

"希望宝"主要功能:投资者通过"希望宝"平台可进行在线开户、货币基金的申购、赎回等操作,投资者的交易指令实时通过在"希望宝"平台嵌入的自助式交易系统发给本公司后台系统进行交易申请处理,并向投资者返回处理结果,由基金公司进行交易确认处理,并于次日向投资者返回确认结果。

第三节 借助"互联网+农业"促进农业经营

"互联网+"已经上升为国家战略。互联网对零售这一传统产业的影响尤为显著,线上经营活动的重要性在城市已经得到证明。而农业市场面临的挑战更多:农产品过剩、流通农产品价格高、进口农产品的冲击等。用互联网概念经营农业能够改变信息不对称现象,为农产品提供更多的市场销售机会;能够开拓销售渠道,让农民或者农民组织直面最终用户。这些可以降低经营成本、提高销售数量和价格。我国农业市场的网络营销还有很大的发展空间。

一、消费品下乡

电子商务是加快推进农业发展方式转变的重要手段。"农村的电子商务能不能成功,最重要的是能否形成消费品下乡、农产品进城的双向流通格局。"而消费品下乡是农民在低价买、买真货和电子商务道路上的重要一步。

二、农资下乡

农资包括农用生产物资及农业生产有关的技术,如种子、化肥、农药、兽药、农机、地膜、饲料及农用机械、计算机相关技术等。由于农资对农业生产极其重要,因此农业部也特别重视农资问题。

针对中国农民最关心的农业生产资料的品质问题,农业部大力倡导"农资下乡"与"放心农资",并且每年都把"放心农资"项目作为重中之重,通过一系列打假维权、下乡进村的活动对农资品质进行监管,切实为农村农民的生产带来放心的保证。在农村经常能看到图7-12这样的宣传口号,这些都是放心农资相关的一些宣传活动。

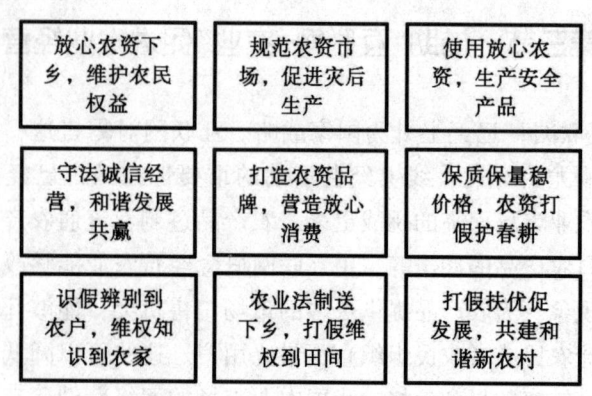

图7-12 农资下乡宣传口号

(一)农资市场现状

目前,主流的农资销售还是代理、批发、零售模式,农资从厂家生产出来后,要通过区域代理商、市县、乡镇、村等多级分销商才能到达农民手中,流通环节多,效率低下。农资存在的问题主要在以下几个方面。

1. 销售网点乱

一入春农民就忙着买种子、地膜、化肥、农药等,农资需求量激增,不少人趁机大铺摊子。生产企业为追求高销售把自产农资批销到各地经销网点;作为"厂家直销"点的县市经销商为追求高回报往往又发展下家,越挂越多、越挂越乱。

2. 产品名目乱

国家对农资产品设有准确、规范的标准要求。然而在乡村农资市场里,一物多名、一药多名时有所见,农民无法分辨优劣,致使不少好的农业科技产品不能更好地发挥作用。

3. 销售价格乱

同一功能、同一品牌、同一厂家的同名同包装同计量的农资商品,常常因销售形式不同而卖出不同的价格,有的每50千克包装甚至相差几十元。

4. 市场监管乱

在一些偏远的乡镇农村,部分经营者打着服务乡亲的旗号,根本不办理营业执照,有的甚至直接在田间地头销售农资。

5. 其他问题

过分夸大农资功效、产量等,广告繁多,农资科普不到位,让人眼花缭乱,甚至销售假农资现象时有发生,严重坑害农民,让人深恶痛绝。

(二)农资电商的发展

随着互联网的发力,其在砍掉农资销售中间环节、缩短交易链、让利消费者等方面有着很好的潜力,也因此农资电商是行业发展的大势所趋。

农资电商目前主要分为以下几类。

1. **综合电商平台**

以阿里巴巴和京东为代表,以综合性电商平台为依托,凭借自身的超级互联网入口地位,涉足农资电商业务。

2. **垂直型农资电商平台**

以云农场和农一网为代表,此类电商平台专注于农资领域,可实现同类产品之间的比价、比货功能,主要由农资生产商、供应商入驻,面向各类农业经营主体。

3. **专注农村市场的电商平台**

以点豆网和农资哈哈送为代表,此类农村电商,其创业伊始就只做农村生意,其产品往往不限于农资下乡,同时引导农产品上行。

4. **老牌农资企业转型**

以中国购肥网和买肥网为代表。面临电商大潮,传统农资企业都采取了积极行动转型。传统农资企业在物流、营销、服务体系等方面深耕多年,对于消费者需求的了解是非农资电商无法比拟的。

5. **服务导向型农资电商**

以农医生、益农宝为代表,此类电商以提供服务为主,整合了技术服务、商务服务和平台服务等,满足农户对基础服务的需求。

主要参考文献

潘长勇,王伯文. 2016. 农民手机应用[M].北京:中国农业出版社.

李娜,孙福华,苗畅茹. 2016. 农民手机应用[M].北京:中国农业科学技术出版社.

田崇峰. 2012. 农村信息化知识读本[M].南京:江苏科学技术出版社.

张会敏,孙晨霞. 2016. 农民智能手机应用知识[M].北京:中国农业出版社.